了不起的女孩

李海峰　钠　钠　主编

台海出版社

图书在版编目（CIP）数据

了不起的女孩 / 李海峰，钠钠主编 . -- 北京：台
海出版社，2024.2
　　ISBN 978-7-5168-3802-0

Ⅰ.①了… Ⅱ.①李…②钠… Ⅲ.①女性—成功心
理—通俗读物 Ⅳ.① B848.4-49

中国国家版本馆 CIP 数据核字（2024）第 012718 号

了不起的女孩

主　　编：李海峰　钠　钠

出 版 人：蔡　旭　　　　　　　封面设计：末末美书
责任编辑：魏　敏

出版发行：台海出版社
地　　址：北京市东城区景山东街 20 号　邮政编码：100009
电　　话：010-64041652（发行，邮购）
传　　真：010-84045799（总编室）
网　　址：www.taimeng.org.cn/thcbs/default.htm
E - m a i l：thcbs@126.com

经　　销：全国各地新华书店
印　　刷：三河市嘉科万达彩色印刷有限公司
本书如有破损、缺页、装订错误，请与本社联系调换

开　　本：880 毫米 ×1230 毫米　　1/32
字　　数：190 千字　　　　　　　印　　张：8.5
版　　次：2024 年 2 月第 1 版　　印　　次：2024 年 2 月第 1 次印刷
书　　号：ISBN 978-7-5168-3802-0

定　　价：59.80 元

前　言

李海峰 PREFACE

我要特别感谢钠钠，让我参与编写这本石上女孩的合集。

在这之前我只是对钠钠有很深的印象，毕竟她是我朋友圈中少有的年纪轻轻就创业，并曾在深圳一年买一套房的存在。

而编完这本书，我对优秀个体组成的群体的相互影响有了更深刻的认知。我时不时会想起一句话："我们在一起，就会了不起。"

有一个细节我想和大家分享。在选择本书内封的时候，照片墙有两种选项，一种是钠钠的头像比其他人的明显大，另一种是钠钠的头像和其他人的一样大，钠钠选择了后者，也就是目前你看到的样子。

钠钠清晰地传递出，**在读者那里，每个女孩都和她一样重要。**所以我在写这篇前言的时候，希望大家能够看到每个人的美好。

这里分享一下我对这些女孩的印象，当作"开胃菜"。让大家在仔细品读每个女孩的故事之前，对她们有些许的了解。当然，更多的精彩有待读者自己去发现。

钠钠是石上生活的创始人，**石上生活已经是中国的头部私域电商平台。**她是一个有大爱，有大格局的"90后"连续创业者，她的发心是带领 1000 万女性每个月多赚 2000 元，然后引领更多的人过上向往的生活。她分享了自己**做事、成事、持续成事的底层方法——取势、明道、心力**，并运用这些方法将梦想照进了现实。如果你也想取得成功，那就跟着钠钠一起，为梦想起航吧。

Sunny 是石上生活的合伙人，她还是胡润 U30 创业先锋、国际注册会计师中国区第一名。她说她的成功源于**把自己当作一家公司来经营，用商业投资思维经营自己的人生。**她是一个在人生的每一个阶段都在不断进取、不断拼搏的奋斗者；一个用全身心去热爱、去相信、去付出的行动者；一个用 120% 的坚定谋划自己未来的领导者。她的故事告诉我们：要勇敢地创造自己的未来，因为未来无限且滚烫。

李怡霖是石上生活卓越店长。小时候因家庭贫困，初中毕业后被迫辍学，她从月薪 300 多元的服务员开始做起，一步步做过销售，开过咖啡厅，创业失败后又重回职场，可在生完孩子后也依然面对巨大的困惑：一个没有学历、没有背景的宝妈，求职连面试的资格都没有。可她不放弃，一边照顾六个月大的孩子一边寻找项目，加入石上后更是凭借一部手机，养活了全家老小，让家人过上了更好的生活。她的成长经历告诉我们一个真理：我命由我不由天，自己打下的才是江山。

创业神仙水是一个一直走在创业路上的女孩，她创造了九位数的终端业绩。她从未体验过上班的滋味，但一直在创业的荆棘丛中开花。她从村庄走到一线城市，从零收入到年入百万，她从羡慕别人的女孩，活成了别人羡慕的女孩。她用自己的经历告诉读者：梦想的种子一旦被种下，就会发芽、长大、开花。

大头蕉是一个敢打敢拼的女孩，她不仅是石上生活卓越店长，还是知名旅行网百万阅读博主。她认为女人一定要"置顶"赚钱能力，她坚信女人也可以引领整个家庭。这样的认知和信念，成就了她从一年赚六位数到一个月赚六位数的跨越。相信她的故事定会走进你心里，让你也找到那个努力又绽放，如沐春风的自己。

Mia 夏敏是百万知识 IP & 造课专家。这个响亮的名头可不是随随便便取得的。她坚定地相信能成事的信念感，就是成功的根基，因此，她立志一定要"出人头地"。她是如何闯荡江湖，实现成交的，待你去揭晓。

蛋蛋是石上生活卓越店长，是一位拥有九年创业经历的单身美女。但她却是妈妈群体的带头人，她让团队里的每一位妈妈，都成为孩子眼中会发光的妈妈。她的经历告诉我们：女性的一生，应该是心无旁骛地去专注自己、取悦自己，实现精神独立、经济独立。

王丽钦是实体婚纱店主理人，是为无数女孩披上最美婚纱的温柔的"90后"二胎妈妈。她秉承着"成就自己的唯一路径就是成就他人"的思想，从 60 平方米的小工作室搬到了 1000 平方米的婚纱店。她说，无论市场环境多么恶劣，她都会逆流而上，去攀登一座座高山。

王慧慧常说，人对了事情就对了，持续"会跟"才是慧根，这就是她成功的秘诀。从文艺女青年到"搞钱"女孩的跃迁之路，坎坷又充满无限惊喜。一路上，她从未固守思维的墙，一次次跳出舒适区，勇于走出来去看外面的世界，最终活出了自己的精彩。

刘雪宁，八年的高端旅游行业，让她找到了人生的起点。

2021 年 11 月，她义无反顾地加入了石上，开启了创业的第三个阶段：做社交电商。如今她做得风风火火，看了她的故事后，你会不自觉地在心中为她点赞。她说会努力带领更多的人，让他们目之所及都是怦然心动，让世上没有难创的业。

有西子是小红书生活美学博主、中国人民大学金融系本硕毕业生。同样是石上生活卓越店长，但是她的座右铭是：想都是问题，做才是答案。她是一个向往自由的女孩，不想被世俗所束缚，于是她开始了自己的寻找之旅：创业，过向往的生活。

周思丹（米米）是一家千亿级投资集团高管。原本，她通过努力从一名小预算员一步步做到了集团的成本管线总助，可是职场的天花板和瓶颈让她很是焦虑。之后她付费参加学习，认识了更多优秀的人，也开启了副业，并获得了主业副业双丰收。她说成年人顶级的快乐，就来自为梦想而努力奋斗！如果你有梦想，那就不要停止前进的脚步，努力向前奔跑吧。

卓小卓是一个媒体人。她一直是别人眼中的人生赢家，因为她的人生一直顺风顺水，有幸福的家庭，有体面且稳定的工作，但她却常常感到压抑，因为找不到自己的价值。直到遇见石上，她终于找到了让自己心生向往的学习标杆和生活状态。她说一个人的内心要有所支撑，才算真的安稳，才能成为更好的自己。

甘雯是一位全职妈妈。她说只有自己有收入，说话做事才会更有底气，更有安全感，所以在孩子几个月大时，她就一边带孩子，一边做副业赚钱；她说唯有热爱才能坚持，所以她坚持发朋友圈，一做就是十年，一边记录成长，一边做事业；她说内心的潜能被激发出来之后，自己的状态也会影响到身边人，所以她带着团队，一直冲业绩，朝着自己的目标努力。她说，大胆地去尝试吧，因为你永远不知道明天会有怎么样的惊喜。

王育娥是一个"80后"连续创业者。她从一个小时候老实巴交、不敢大声说话的孩子，成长为一个自信、闪闪发光的女性，她用自己的经历鼓励女性用更多的时间和金钱去追求自己的梦想，过上更高品质的生活。她说，每一个女性的人生都可以更精彩，因为我们只要在一起就了不起！

媛媛 Sonia 是中医药大学在读博士，有着省级三甲医院十余年临床经验，却因手指确诊类风湿关节炎早期而"裸辞"创业。她从零开始，不断探索新的领域，不断突破新的挑战，她用精油帮助人们拥有健康的身体和稳定的情绪，她通过石上帮助女性破圈成长，拥有独立的事业，过上更好的生活。

大贝塔是石上生活卓越店长，在石上，她收获了七位数的财富。她通过自己七年的创业经验，总结了成功的六个法则，并将这些宝贵的经验传授给你我。她说 100% 的信念才能创造 100% 的结果；她说心里装了多少人，就会有多大的成功；她说成功是有惯性的，当你有了做事做到天花板的坚持，你才能最大程度上磨炼你的心智，以商入道，成为一个真正战无不胜、所向披靡的人。给你一个机会，你一定可以成功。

吴颖扬是一位九年线上创业者，她从大二就开始做私域，在三十而立时，实现了新的财富跃迁。她创业九年，收获的不仅是财富的提升，更是认知的提高。她说她想要的三十而"立"，立的不是事业地位，而是去"立"一个清晰的自我认知：自己想成为一个什么样的人，应该成为一个什么样的人；去"立"一个志：自己能为这个世界做点什么。

幸福猪是一个敢于去改变的人。在她觉得人生一成不变之际，她果断地调整自己的观念，立即行动，勇敢地去突破自己，不断地尝试。她说我们不可能用一个旧的自己，去期待一个新的未来。当我们想说"我不行""我不能"的时候，一定要跟自己说：或许我可以试着突破，说不定会有新的可能性。千万不要在每个"算了吧"中度过自己的人生。

媛姑娘是一位哲学心理顾问。她因一次生病而获得内在的觉醒，之后遇到石上，找回了久违的热情。她说人只有在清楚地知道自己想要去的方向，要成为一个怎样的人时，才能够有底气和力量去面对生活中所发生的一切。她告诉我们不论是生活还是事业，一定要去选择做让自己开心的事，去靠近能滋养自己的人，去做充满能量的事。

小房是石上生活店长，同时也是拥有 31 万微博粉丝的博主。她初中毕业后进入社会打工，经历了太多艰辛，做销售、做客户经理、做代购、做微商、做主播、做博主，如今做了石上，她终于找到了自己心动的事业。她说，你所拥有的一切，都是由你亲手创造的，很多事情，敢想就会有，敢做就能成。爱拼才会赢，就是她的真实写照；我的人生我创造，就是她对这个世界发出的呐喊。

小琦是国际商务日语高级翻译，早教领军品牌华南区负责人。她走出高考失利的阴影，在大学里为自己开辟了一条新道路；在幼教行业面临严峻挑战的时候，她精进自己，学习了互联网、社交电商知识，线上线下结合，保持业绩稳定。正如她的真实经历，规划好人生，时间会陪着我们慢慢变成自己想要的样子。如今的她早已与同龄人拉开了较大的差距，活出了自己想要的样子。她说人生就像一场马拉松，要找到正确的方向，抓住关键的 1%，才能与别人拉开差距。

I'm KK，是一位十年私域创业者。她说快乐是免费的，但是想要一直快乐是需要付费的。只有自己赚钱，才会有底气；她说，人须在事上磨，当你持续做事，持续做成事，美好的结果可以治愈一切；她用自己温柔又有力量的声音告诉我们：女孩子一定要"置顶"自己的赚钱能力，这样才能够自由自在。

蔡蔡是一位"85后"职场人，从事过传统外贸、医药、房地产行业，参与过亿级项目策划和执行，如今通过石上，实现了主业副业双丰收。她说在职场上，想要得到更多，就要付出更多，必须比同事多想一点、多做一点，升职加薪才会落到你头上；在副业上，不要害怕改变，破圈成长才能看到更多的可能性。她告诉我们，要努力成为闪闪发光的女性，成为更好的自己。

菜籽儿是一位全职妈妈，她原本焦虑、迷茫，却因看到石上"赚钱＋陪伴＝美好生活"的理念而怦然心动，加入了石上。她从一开始的月收入 71 元做到了如今的稳定月入五位数，拥有了独立的经济能力，更拥有了做妈妈的底气与价值，如今她活成了自己想要的美好模样，也活成了全职妈妈们的榜样。

蓝心曾是一位外企项目经理，她从工业百强企业"裸辞"创业，做了家庭教育讲师，期间做过代理，做过微商，她用自己惨痛的经历告诉我们不要做高风险、高投资的项目，要做有收入、有产出、能变现的事。但过往经历皆财富，只要不放弃，大胆尝试，过去的经历终将会铺成前行的路，终有一天，你会看到努力的结果。

唐唐是石上生活店长、财富流认证教练、正念实修传播者。而在此之前，她是媒体公关，在一次采访中，她的内心被种下了"使命""愿景"的种子，这颗种子而后在创业的过程中觉醒，她说她带领的团队的每一个人都不仅仅希望赚到财富，更希望做一份能让人向上向善、创造更多社会价值的事业，希望成为更好的人。她告诉我们要心怀理想，赤诚且滚烫。

小婉是石上生活店长。她很喜欢石上"可给可不给的时候，就给；可多给可少给的时候，就多给"的理念，并在这种观念的影响下，播种下很多感恩的种子。她说人的愿景一定要很大，愿景大了，世界也就大了；她说永远不要给自己设限，未来的你一定会闪闪发光。她告诉我们要相信自己，每个人都能够过上眼里有光、口袋里有钱、心中有爱的生活。

朱瑶是一位金融软件行业总监。她原本有着稳定的工作，稳定的收入，稳定的家庭，可即便生活如此，女性的生育危机依然让她恐慌。她于是决心去改变，并在这个过程中认识了很多优秀的女孩，见识到了更多的人生的可能性，也因此开拓了自己人生的新篇章。她告诉我们：要想真正地改变自己，唯有行动，只有行动才能把所有的理论、知识内化进我们的身体，才能帮助我们拿到成果。

大麦是一名花艺师。她讲述了自己实体店创业以及入局石上的不同经历，并通过这些经历告诉我们：一份好的事业应该是可以把一份时间出售多次的，因为最后你会发现你真正对抗的是时间；一份好的事业应该是有正心正念，有精神上的高度引领，获得智慧，也实实在在赚得每一分钱；一份好的事业应该能让你找到职业幸福感，为社会创造更多价值的同时，顺便把钱赚了。

七七是一位站在光里的文艺女青年。她的文字娓娓道来，温柔又有力量，在她身上，我们能看到女性伟大的力量——坚韧。她用"疼痛""精彩"来形容自己的前半生，却又在一蔬一果、一粥一饭中寻找细碎的温暖；她用"奇迹"展望自己的未来，于病榻上创造了自己的高光时刻。她用自己的故事告诉我们：销售的本质不是卖货，而是要卖你的梦想和使命。因为真正有力量的，是生命、是梦想、是希望、是光。

付锦霞是一位不断寻找自我、认识自我、追求自我的人。她在退休后重拾自我，传播儒家文化。她教大家读书，并在读书的同时带动大家做事、赚钱。她不断地实现自我、圆满自我、只为让自己的人生有更大的意义和价值。她说："大学之道，在明明德，在亲民，在止于至善。"这就是她毕生所求。

这 32 位女性，带着 32 个不同的人生故事，向你而来。在她们身上，我们不仅看到了坚强外表下柔软的内心，而且看到了闪闪发光的女性魅力之下那奔腾向上的灵魂。

她们是了不起的创业者，她们勇于打破传统，引领行业潮流，让人们看到了女性创业者的无穷力量。

她们是了不起的梦想家，她们的生命充满激情，极富创造力，她们用自己的双手为千万女性创造了一个美好生活。

她们是了不起的女孩，和你一样，都是了不起的自己。

目　录
CONTENTS

所谓财富之道，
就在于
心怀多少人，
影响多少人，
成就多少人，
托举多少人。

钠钠

电商平台石上生活创始人
福布斯创新企业家
长江商学院 EMBA42 期毕业生
"90 后"连续创业者

带领一群人，活在
自己设计的理想人生里，是怎样一种体验

创业 11 年，从租住在没有窗户的房子，到买下深圳市中心的大平层；从放弃体制内工作，带着 5000 元来深圳，到财富相对自由；从一个人白手起家，到创办了一家年营收 10 亿元的电商公司，在深圳寸土寸金的南山粤海街道拥有 2500 平方米的办公室；从一个人，到拥有百人团队和 500 万用户。

这是我过去 11 年的人生体验，把梦想照进了现实，这背后，是取势、明道、心力的修炼。

取势

取势，是做对选择的能力。做对选择是"1"，有了这个"1"，才有后面的无数个"0"。取势为上，顺势而为，事半功倍。

找到快速发展的行业，全身心投入，是普通个体崛起的最好的出路。在我 30 岁之前的人生里，我多次踩准趋势和风口，不断

地做事、成事、持续成事，付出不亚于任何人的努力，坚持长期主义，百分百为自己的人生负责。

我是中国第一批做私域的人，是中国第一批做天猫的人，是中国第一批做社群的人，也是中国第一批做女性成长的人。凭借对商业敏锐的洞察力和极强的执行力，我在十一年的连续创业中，拿到了行业蓬勃发展的红利。

大学期间我特别爱看名人传，深知一个城市是一个人事业的起点。大四那年，我在寒暑假提前踩点了北上广深四个一线城市，最后来到了最包容、拥有无限机会和无限可能性的深圳。这是一座不需要背景、不需要资源就能创造奇迹的城市。

2013 年，我本科毕业后来到深圳，一边做天猫电商，一边做女性成长的知识付费社群。我很幸运，踩在电商的风口上，一年时间就赚到第一桶金，我立马买了第一套房产。2015 年，几个天猫店累计营业额过亿，我用现金流做了一些股权投资，以及全款购置了一些优质房产。伴随着国家经济的飞速发展，我做的投资都拿到了不错的结果。

30 岁之前的人生里，源于对商业趋势的正确预判，我吃到了城市红利、行业红利、周期红利。而刚好在 30 岁来临之际，我想要的一切都已拥有，团队也非常成熟，这让我有时间停下来思考，未来想要什么样的工作方式和生活方式。其实，工作又何尝不是生活方式的一种呢？

有一天在冥想时，我的内心突然有一个声音告诉我：**钠钠，**

你在年轻的时候得到了那么多，老天给了你那么强的影响力和商业灵性，你要用你的影响力去帮助更多有需要的人。

我的内心得到了指引，于是决定带领一帮人重新开始创业。我深知做一家企业的艰辛，也知道在这个过程中会牺牲很多个人时间、娱乐时间，但我更想做一番伟大的事业，愿意成为一个倒V型的领导者——站在下面，把更多人聚集在一起，并依据我对趋势的判断，引导更多的人拿到结果，活出自己，翻盘人生。

石上生活，就是我成立的一个集合多个风口趋势，致力于托举1000万女性实现美好生活的生活美学平台，它集合了社群电商、短视频/直播、个人成长赋能于一体，是商业演化的方向，是趋势流动的方向，也是个体英雄梦的开始。石上是集合了几个"取势"的选择。

第一个趋势是"去中心化"。未来是去中心化的时代，电商行业也正经历从只有淘宝、京东大动脉输送价值的时代，转向由无数"毛细血管"输送价值的时代，而社群则是电商新零售方式的大势所趋。

社群的力量不容小觑，每一个社群就是一个精神部落，一个文化部落，一个创业部落。未来最有价值的个体，是超级群主，每一个群主就是一个关键意见领袖。一个拥有超级私域池和社群的领导者，就是一个充满无尽可能的部落。所以，未来必然是个体经济崛起的时代，石上就是为超级个体打造最完善的商业基建，打通去中心化个体变现的"最后一公里"。

第二个趋势是从"物以类聚"转向"人以群分"。过去是"产能为王"的时代，对应的商业逻辑是"物以类聚"，大家都在不断扩充产能。但**现在是一个"用户为王"的时代，对应的商业逻辑是"人以群分"，大家需要的不只是产能、流量，而是真正高度信任的"心智流量"**，所以内容价值、情绪价值、美学价值越来越重要。只要价值足够，一个高黏性的社群就能延展出无数的商业形态。而这些价值，就是我们每天都在提供的附加价值。

第三个趋势是数据赋能和科技赋能的比重加大。数据就是未来的石油，谁能更精准地读懂用户数据，用科技更快地满足用户需求，谁就会真正拥有这些用户。石上构建的行业数据库，帮助我们实现了从"眼球经济"到"眼神经济"的转变。读懂用户的眼神，每个品类只上用户最需要、数据最全面的产品，这样会帮助用户节约大量的宝贵时间。

第四个趋势是从单点优势转向系统赋能，突破多维稀缺打造极致稀缺。

例如，石上的竞争力来自选品体系、内容体系、教育体系、直播体系、视频体系的一套系统的"组合拳"，每个部分都有完整系统，同时每个系统都像齿轮一样咬合得非常紧密和顺畅，可以为用户提供一整套难以被超越和模仿的服务。

踩准趋势，就能看见未来，布局未来，创造未来。

明道

明道，就是坚持遵道而行的智慧。大道至简，坚持按规律做事，做难而正确的事情，坚持长期主义。在事上磨，在难上得，就是实现成功最快的捷径。

所谓成功之道，就是逐步把看似矛盾的两种状态，像太极阴阳组合一样自然融合，不断切换，任意调取。在过去的人生里，我做得最正确的事情，就是持续遵道而行，每一天都活在自我觉醒、自我修复、自我迭代中。

不断把天道和人道相结合，既能懂得商业又能懂得人性；

把菩萨心肠和金刚手段相结合，既能心怀慈悲又能杀伐果断；

把奋力拼搏和保持松弛相结合，既能实现青春之立志，又能创造美好之生活；

把温柔感性的内在力量和刚强理性的强者思维相结合，做一个外在柔和有趣，内在笃定有力量的奇女子。

所谓财富之道，就在于心怀多少人，影响多少人，成就多少人，托举多少人。

财富不来自掠夺，而来自慷慨。

金钱不来自我比你更强更好，而来自我能让你变得更强更好。

赚钱的本质，就是你能用怎样的方法、怎样的效率去解决怎样的问题。

在过去，我赚的每一分钱，都是因为我帮助了更多的人满足了他们的需求、消除了他们的困惑，而未来，我也会带领更多人去点亮身边的人，从小事做起，予人方便、予人力量、予人信心、予人希望。

过去成功靠努力，未来成功靠福报，遵道而行，就是持续获取财富的法则。

心力

心力，是在任何时间、任何情况、任何诱惑面前，保持初心不改、此心不动、心外无物的定力。

能力之上是认知，认知之上是心力，心力之上是愿力。能力强，可以把事情做好；认知深，可以把事情做对；心力强，可以把事情做成。

持续踩中风口，持续跨越周期，靠的不只是能力和认知，更是在一无所有的时候，也从未怀疑过自己的勇气之心；是在拥有一切之后，愿意再次出发肩负责任的利他之心；是面对诱惑和短期利益时，保持坚守品质和底线的纯粹初心；是面对挑战和困难时，从不言弃的持久之心；是面对压力和坎坷时，云淡风轻的从容之心。

所以，我也一直把个人成长看得很重，持续不断地去帮助大家提升能力、提升认知力、提升心力。我很热爱这个世界，也深爱我身边的石上女孩们。有一种热爱是，哪怕知道明天会死去，也会花今天一整天的时间去帮她们成长得更好；哪怕遇到千难万阻，也要陪伴大家稳住心力。

是这一份岿然不动的定力，让我所向披靡。这就是我过去十年做事、成事、持续成事的底层方法——取势、明道、心力。

以品质创造美好生活，以生活滋养无数家庭，这是我下一个十年愿景。生意在生意之外，成功始于信念和爱。未来的我，不是坚不可摧，而是跌倒无数次，依旧愿意爬起来，继续向上，依旧相信世界的美好，愿意奉献爱、传递爱，带领更多人过上向往的生活。

你的坚定
是你最大的资产，
是你最大的红利，
是你最大的杠杆。

Sunny

石上生活合伙人
胡润 U30 创业先锋
国际注册会计师中国区第一名

做自己的 CEO

我是小太阳 Sunny，我有很多外在标签，但是在我心里，我最大的身份，是 Sunny 无限责任公司的 CEO。这是什么意思呢？

我一直把自己当作一家公司来经营。**其实我们每个人都是自己这家公司的 CEO，我们调动所有的资源去让这家公司取得更好的经营结果，创造更大的商业价值、自我价值和社会价值。**

只是，一般的公司是有限责任公司，而我们自己的这家公司，必须由自己承担无限责任，得用自己全部的热血、激情和心力去经营它，为它百分百负责。

我这家公司唯一的产品，就是我自己。

几年前的我，是出生于一个普通家庭、毕业于一个双非院校的普通大学生。那时候的我一无所有，还是 Sunny0.0 版本。

20 岁那年，我考完了 ACCA 国际注册会计师所有的全英文考试，加入了前阿里巴巴集团执行副总裁卫哲、今日资本创始人徐新等商业大佬都在的 ACCA 协会。我当时的考试成绩是单科中国区第一名，我撰写的商业学习方法的文章被搜狐财经、腾讯财经等多家知名媒体转载。这时候的我是Sunny1.0版本。

22岁那年，我成功拿到了多家世界500强企业的入职通知，并成功入职一家世界500强企业。经过短短一年半时间，我成为省级先进个人，开始统筹百亿资金，正式在商业的世界里实战演练。这时候的我是Sunny2.0版本。

也是22岁这年，作为"斜杠青年"，我成为一名具备国际财经证书认证的明星培训老师。我曾在中山大学、暨南大学、湖南大学等多个国内知名院校为几万名大学生进行授课，好评率稳居98%以上。我还曾受邀给上海财经大学、中央财经大学、厦门大学、复旦大学等名校的教授们进行过分享。这时候的我是Sunny3.0版本。

在28岁这年，我一口气完成了买房、结婚、生子这几个人生重要任务，更重要的是，历经了职场人、自由职业者的不同身份，我正式开始创业啦！我成为美学电商平台石上生活的合伙人、副总裁。经过三年的时间，我们在深圳寸土寸金的南山粤海街道拥有了2000多平方米的办公室，拥有百人的全职团队，拥有500万用户体量，更在2020～2022年的三年逆风崛起，实现了10亿营收。我也因为这份创业成绩单，收获了胡润U30创业先锋的荣誉……这时候的我进阶到了Sunny4.0版本。

从20岁到30岁，从一无所有到拥有热爱的事业、相爱的伴侣、可爱的孩子、美好的关系、丰盛的财富、理想的生活，这背后是我一直用商业投资思维经营自己人生的持续努力。现在，我想把它们分享给你。

资产思维，做有复利的价值积累

什么是资产？简单来说就是能够在未来持续给我们带来价值的资源。对我们每个人的无限责任公司来说，最重要的事情就是拼命去积累资产。

专业的知识和技能、良好的思维习惯、良好的人际关系，都是资产。私域流量是资产，个人社群是资产，长久的信任和良好的口碑也是资产。这些资产就像一线城市核心地段的房产，每个月都可以给我们带来持续的收入，都值得我们用心去积累、去维护、去扩展。

例如，对我来说，我在 20 岁时学习商业思维，这份商业专业知识让我在大学没毕业的时候就实现了时薪四位数，并在未来的很多年持续为我带来收入。直到今天，**"万物非我所有，但是万物为我所用"**，不断吸收、整合资源的商业思维依然指导着我创业路上的很多决策，这就是一辈子的资产。

例如，我在七年前上课的时候添加微信认识的学生，也就是所谓的"私域流量"，我卖财经课程的时候，他们跟随我付费学习；我卖个人私教课的时候，他们跟随我付费学习；我做石上生活，他们继续跟随我买各种生活好物。这就是良好口碑和私域流量的魅力。

现在，我在做的石上生活，就是在帮助普通人经营好自己的私域资产和社群资产。而且只要你拥有私域资产和社群资产，你就可以不断地在这里收获复利的价值。这是一件很有意义的事情。

红利思维，趋势在哪里，就先到哪里去

在过去几年，我得到的一切，除了来自努力，就是来自红利。

踩中红利，是一个普通人最大的幸运。持续踩中红利，是一个普通人逆袭最快的捷径。

红利思维，就是知道钱会流向哪儿，我就提前先到那里去；就是知道趋势去往何方，我就提前站在那里；就是知道哪里会出现明显的供需失衡，我就提前做好一切准备。

在我刚进入大学的时候，就了解到了 ACCA，那时候全国拥有这个证书的人不过几千人。但是我知道中国正处于走向国际化、精细化管理的进程中，一定会有很多企业需要这样拥有国际视野和先进管理经验的尖端人才，最后资源和财富一定会涌向这些人。所以，我立刻决定开始学习它。因此我求职时十分顺利，与其说是因为我优秀，不如说是因为这类人才严重供需失衡，使得机会集中涌向我。

2017 年，我了解到直播卖课，那时候很多同行业的老师并不愿意做销售，更不愿意做直播销售，觉得太低端了。但是我知道每个领域都会经历"看不见、看不起、看不懂、来不及"四个阶段，我知道销售是离市场和金钱最近的环节，一定有更大的商业价值，我知道直播这种销售形式未来会越来越有市场，能做好直播的人却不多，直播销售人员一定会供不应求……所以我立刻躬身入局，我开始直播，反复练习，很快成为细分赛道时薪最高的

主播老师。如今直播有多火，你也一定知道了。

2020 年，我又认识到**"所有的生意都值得用社群做一遍"**，我认识到"短视频＋直播"的内容电商、兴趣电商就是大势所趋，我认识到用个人成长打造的"心智流量"会是所有流量的终局。这几个关键词，个个是红利，个个是趋势，所以当我从石上生活创始人钠钠口中得知，想要打造一个集社群电商、短视频／直播、个人成长几大红利于一体的平台的时候，我立刻选择放弃所有工作，全身入局。

做成一件别人觉得不可能的事情，除了长期的资产和能力储备，更需要**在红利面前，选择相信，毫不犹豫地相信，百分百地相信，从始至终地相信。**

杠杆思维，最大化自己的资源和优势

杠杆，是普通人跃迁最好的加速器。过去几年，我一直在利用杠杆思维经营自己，并受益匪浅。

例如，利用网络杠杆和影响力杠杆，让自己的天赋和才华被更多人看见。我在大学考试中考了第一名之后，我写的一篇文章，通过互联网的传播，被十几万人看见，我凭借它形成了自己的行业影响力，得到了非常多商业机构的邀约和更高的溢价机会。我在讲课得到了不错的反响后，通过网络直播，快速被几百个校区看见，从此邀约不断……

例如，利用人脉杠杆，快速打开眼界和格局，看见自己过去不曾了解的机会，走向自己曾经不可能走到的远方。我就是通过一次又一次破圈，一次又一次打开了自己的人生新局面。

例如，通过平台杠杆加入一个好的平台。**在一个好的平台往上跳，就像站在巨人的肩膀上看世界，就像站在一个飞速上升的电动扶梯上奔跑，借势而进，乘势而上。普通人靠单点拼搏，聪明人靠线性努力，高手靠网状式综合提升，顶级高手靠依托平台进行"体"状飞跃。**

我现在每天沉迷于事业不能自拔，也是因为石上就是一个可以给所有普通人安上"人生杠杆"的翅膀的平台。

在石上，你可以加上平台杠杆，借助平台的势能和供应链资源等多方面资源优势来成就自己；你可以加上人脉杠杆，在这里结识有着高认知、高圈层、高实力的一群人，持续破圈，看到人生的另外的一百种可能；你还可以加上网络杠杆，通过短视频、直播、社群裂变等不断拓展自己的影响力……运用杠杆思维，可以极大提升你的人生效率和收益。

最后，经营好自己这家公司，最重要的事情是对自己这家公司的未来拥有 120% 的坚定。即使外部环境削弱掉 20%，还剩下100%。

命运，是自我实现的预言。人的一生，其实就是不断在外部世界活出潜意识里你为自己写好的命运的脚本。所以，我们必须全身心去热爱、去相信、去付出。

你的坚定是你最大的资产。

你的坚定是你最大的红利。

你的坚定是你最大的杠杆。

在经营自己的过程中，要尊重所有声音，但只能成为自己。在每天巨量的信息中，要忘记风口、快钱、捷径，忘掉所有的目光，想要的一切才终会乘风而来。

欢迎你一起来做自己的 CEO，欢迎你一起来创造自己的未来，它无限且滚烫。

自己打下的才是江山。

李怡霖

石上生活卓越店长
终端业绩破亿

我命由我不由天

只有奋斗，生活才能看到希望

我是怡霖，出生在福建省龙岩市的一个小山村。我一出生，就有一个"特长"，家里的门牌号特别长：福建省龙岩市长汀县×××镇×××村×××组×××铺×××号。

5岁时，人还没灶台高，我就会搬着椅子做饭。在我们村，我是插秧小能手，种土豆、种地瓜，样样精通。从小喂猪、放牛、割鱼草，完成家务后才有空学习，但是我的学习成绩一直还不错，所以五年级时被迫辍学两次，老师都上门来家访，让我重新回到教室上学。

那个时候家里是真的穷，父母都是农民，父亲勉强读了几年书，母亲连自己的名字都不会写。虽然父母对子女有很多爱，但是，家里的可支配收入非常少，年底把猪卖了才有钱交学费。我勉强上了初中，即便成绩很不错，依然没有机会去念高中，不能实现我的大学梦。初中毕业时，我躲在地窖边上哭了很久，那是

◆ 我命由我不由天

我第一次听见梦想破碎的声音，可我无能为力，无可奈何，也无力反抗。

毕业后，我从月薪 300 多元的服务员开始做起。可我不想一辈子做服务员，我也想成为高级白领，于是，我拿着不包吃不包住的 400 元工资，开始进出高级写字楼。这样的生活看起来很光鲜，现实却很狼狈。几个女生挤在一个房间同住，每天晚上下班后去菜市场买最便宜的菜，回家自己做饭吃。那个时候的生活使我练就了一手好厨艺，5 毛钱的鸭血我能够煮出很多种口味。

后来弟弟要念大学，我又开始了供弟弟念书的生活，每个月的生活费必须准时寄出去。金钱的压力下，我开始接触销售这个行业，从做助理到部门经理，从月入 1000 多元到月入过万，终于，我的日子从很窘迫慢慢变得稍微轻松了一点儿。我可以给家里买东西了，家里的家电都是我买的，过年回家也可以给父母买新衣服了。但是月薪过万，每月除去房租、水电费、伙食费、交通费、买衣服的开销，就基本不可能剩钱。手里有一点点余钱，我也会想着出门旅游见见世面，也正是因为出去看得多了，心里的不甘和对美好的向往越来越强烈。我一心想改变命运，想过更好的生活，想着做老板也许会有不一样的生活。

于是，我辞职开店，从福州来到了厦门。由于认知局限，情怀大过商业思维，一心就想开咖啡厅、开花店，做这种赔钱率最高的生意。不出意外，开的咖啡厅一年后关门闭店，我"一夜回到解放前"。我又回到职场上班，从一个月 3500 元开始慢慢积攒

019

力量创业。

折腾了几年后，我终于在这个城市慢慢稳定下来，结婚生子，感觉好日子慢慢向我靠近，从此幸福生活就要开启了。有爱我的老公，有可爱的儿子，有自己不服输一直努力奋斗的劲头，我的生活处处有希望。

人生不如意，十有八九，绝处逢生，重新上场

然而，事情的发展远没有我想象的那么美好，2020 年，我的先生刚把生意转到海外，结果因受大环境影响，生意全部泡汤了。紧接着，房子被查封，车子被抵押，一大堆的事情接踵而来，猝不及防。

那时，我抱着 6 个月的儿子开始找项目。我一圈看下来，以前我最看不上的微商成了最适合我的行业。

一个没有学历、没有背景的宝妈，求职连面试的资格都没有；自己开店的话，投资大，成功率低，收入天花板也低；自己创业的话，一个还在奶娃的宝妈，做什么行业都很艰难。但我发现微商投入小，并且时间相对自由，能照顾家里和孩子，做得好收入也很可观。于是，我从小白入场，开始持续学习，学习发朋友圈，学习带货，学习招商。

刚开始，很多人不理解，也特别看不上我做的事，冷嘲热讽的有，语重心长劝说的有，一单没买过的也有。我能感觉到，很

多人等着看笑话，也有人来劝我说这不是最好的时机了，让我找个正经事做。

但我的个性就是要么不做，要做就要做好。

所以，我开始时经常一边抱着娃哄睡，一边抓着手机看培训资料。从完全不会发卖货的朋友圈，到一天发十几条朋友圈。其实我早期发朋友圈也没人点赞，都是自己鼓励自己。而且我发现大家对我做线上生意这件事并不看好，所以，也没有人来买我的东西。怎么办呢？

我于是租了一个工作室，让大家来尝试，让大家感受，慢慢有一些邻居来买了。我又开始学着一场一场地做沙龙，没有人来，我就帮别人做沙龙，帮别人讲，越讲思路越清晰。

终于，我从一开始一天只能卖几百元钱，到一个月后做到几百万元业绩，三个月做到公司销冠，第四个月成功成为公司的荣誉股东，参与公司分红。我不太会做线上，我就一场一场办沙龙做线下，开了近百场沙龙，一年不到，终端业绩超3000万元，自己也在这个行业赚到了第一个百万。

别人以为我走到了人生巅峰，但我却感觉到了危机，微信卖货越来越难，要交钱的项目越来越难做。我自己能卖出货，但是下面的人卖不出去。这个时候，我会很焦虑。毕竟别人交了钱，囤了好多货。

就在这个时候，我遇到了钠钠，她在朋友圈说，要做一个不需要大家投资就能带大家赚钱的项目，我就申请加入了。出于对钠钠的喜爱，在进行深度了解后，我毅然决然辞去了那边荣誉股东的身份，从零开始学习做社群、做团购。我觉得在石上建立社群就是在建立属于自己的互联网资产。我又开始了一场又一场地办沙龙，开始全国各地跑市场，第一个月收入几千元，虽然前面6个月非常努力，一共才赚了26万元，但是，后面6个月加起来就超过百万了。终于，通过石上，我把我所有的经济问题都解决了。

而在此之前，我经常是每个月还完各种欠款后，身上就只剩下三位数的现金。有一次，我带着儿子出门玩，我儿子想吃椰子鸡，然而我看了一下余额，只有不到200元。我只能和儿子说："今天外婆做好饭了，我们下次吃好吗？"那一时刻，我终生难忘。因为，我再也不想因为没钱而对孩子撒谎。所以，我特别努力地工作，自力更生，靠自己的努力去赚钱养家。我觉得这就是了不起的事。我开始不断在台上分享，告诉更多的女性，不要太在意别人的目光，过好自己的生活才是最重要的。因为，别人不会对你的人生负责，能对自己负责的只有我们自己。

经过这三年多的努力，我凭一部手机，赚了大几百万，解决了自己的经济问题，靠自己的努力穿越低谷。

女人最美的姿态莫过于别人以为你转身是擦掉眼泪，而你却是转身涂了口红补完妆上战场。

选择大于努力，美好和丰盛扑面而来

两年前，我单枪匹马开始做石上，经过两年多的时间，我的团队已经有 50 多位联创，大家从几元、几十元、几百元开始，到现在有人收入破 300 万元，有人破 170 万元，也有从未工作过的女孩收入破百万元；我们 50 多位联创平均月收入破 4 万元，破 1 万元的一抓一大把；团队里把做石上当作副业来做，每个月多收入 3000 元、5000 元的，可能超过百位。

我身边很多厉害的企业家都说，他们这三年，从未给这么多员工高管发过这么高的工资；他们说，跟着他们干的个个都是主流认可的高学历人才；他们说，我们这群宝妈，真的很了不起，创造了巨大的价值，也给社会解决了很多问题。

我对我做的事情感到特别骄傲和自豪，虽然有些人看不上、看不起。但是，我凭借一部手机，养活了全家老小，让家人过得更好，给更多家庭节约了成本，带更多女性创业，我觉得很了不起，我自己看得起自己。

我们会持续努力，持续坚持，做对的事；我们会团结在一起，给更多人方法和陪伴，帮更多人拿到结果；我们会给更多人带去希望，让他们过上更美好的生活。

如今，我带着儿子从厦门来到了深圳，孩子目前就读于深圳最好的国际学校，我自己也拿到了公司年入千万的入场券。40 多岁的我，终于活成了自己喜欢的样子。

回首过去，我不是白富美，也不是富二代，终其一生的奋斗，可能也达不到别人的起点。但是我不认命，我相信努力就会有回报。**自己打下的才是江山。**

接下来，我会持续跟随钠钠，把她的愿景当成自己的愿景，让 1000 万名女性可以通过石上每月多赚 2000 元。**女孩帮助女孩，微光点亮微光，我们会带着更多女孩找到自信，散发光芒。**

我会去做一个更有价值的人，如果你和我有一样的想法，那么在前进的路上，你一定会遇见我。

没有思考的一天，
就是白费的一天。

创业神仙水

石上生活卓越店长
石上生活万人团队长
终端业绩九位数

做心力女孩

大家好，我叫创业神仙水，一直在创业，从来没有上过班。

从留守儿童到定居一线城市的二孩妈妈，我依靠一路遇贵人+好运气+心力，实现了自己想要的生活。

我出生在湖南湘西的一个小山村，小时候是留守儿童，每次从家里去小学要走好几公里的路，中学以后更是需要坐唯一一趟路程两个小时的客车才能到县城的中学。读中学的时候我开始感受到学校资源的匮乏，记得有一天走在马路上，我跟好朋友说，以后一定要让自己的孩子生活在更好的环境里。

小时候艰苦的成长环境，让我对走出村庄、走进城市这件事，有着与生俱来的渴望。后来考上大学，我第一次离家去了千里之外的西安。在融合了历史和现代化的古都西安，我感受到的是便利和繁华，也更加坚定了要留在城市发展的念想。

我给自己的定位是在一线城市定居下来，未来最好拥有两个孩子，并且孩子们以后在更好的环境中长大。

有了具体的念头之后，这些念头就像一颗种子，被种在了心

里，无论你在干什么，种子都会在心里慢慢地发芽长大。

大学时，我还不敢完全确定自己能留在一线城市。步入社会后，我去的第一站就是上海，只因为上海是中国最大的经济中心。我想在最年轻的时候去最繁华的城市闯一闯，即使不成功，哪怕以后回老家上班，也可以用几十年的时间来弥补亏损，人生还有翻盘的机会。

2014 年，我一个人到达上海。没任何积蓄和人脉，而我却想创业，完全没想过找一份工作先活下来。

大学旅行期间，我住过很多家青旅，氛围很好，很有情怀。所以开始思考创业的时候，我的第一思路是做一家青旅。

我找到两个同龄的好朋友，说服他们跟我一起干，大家都很年轻，撸起袖子说干就干。我第一次创业的启动基金几万元，全部都是借的。我们先找到了一套房子，是市中心的住宅，内部非常漂亮，景色、视野都很好。我们又买了一些家具做布置和装饰，拍了一些照片上架平台，就这样，我们的店开业了。

可能你感到很震惊，我们租的竟然是住宅而不是商业楼，竟然没有经任何部门审核，就开业了。是的，因为那时候我对商业的认知为零。没过三个月，我们便被举报了，并且被警察上门带到派出所里谈话。随后很快关闭了店，我也不敢将这件事告诉家里人。

我和合伙人们，每个人亏了三四万元。庆幸的是，我们的梦想没有破灭。大家还是不想去上班，并且开始思考做一家真正的酒店式青旅。

创业失败后的几个月时间里，我在上海又认识了一位新的合伙人，我们的队伍变成了四个人。随后我们开始选址，三个月后，我们在市中心地铁站边找到了一处比较合适的地方，这次我们每个人出资 50 万元，我又借遍了所有认识的人，筹齐了这 50 万元。六个月之后，时间就来到了 2015 年，我们终于通过了所有的官方手续，拿到了通行证，把酒店开了起来。

2016 年，正当我沉浸在老板的光环当中，以为自己快要自由了的时候，有一天我去到店里，所有员工都要离职……那时候我才意识到，员工间早已矛盾重重，我是那么不擅长管理。

随后的几个月，我每天只睡四个小时，没日没夜地顶替所有岗位，同时也沉下心来面对现实，研究如何与团队沟通、相处。慢慢地，我招到了第一名员工、第二名员工……逐渐建立起了一支比以前要好百倍的新队伍。他们每天下班了要被我赶才肯离开；他们在休息的时候，只要酒店有事，立马主动第一时间出现，恨不得二十四小时上班。

这支新队伍，让酒店实现了自动化运转，也让我实现了时间自由。但我却陷入了新的思考，现在大把的时间，该去干点什么呢？

2017 年，我 27 岁，青春正当时，也开始对衰老有了一些概念。我开始关注抗衰的赛道，加入了当时很火的一个微商品牌，做起了微商，卖客单价几千元的胶原蛋白。

那时候看到团队老大一个月可以赚几十万元，虽然我那时候一个月只能赚两三千，但是总觉得既然有人实现了，一定有行得通的路径，我要找到这条路径。

刚开始我编一条朋友圈需要两个小时，有时候经常站在路边，保持一个动作，直到编完那条朋友圈为止。从那时候开始，我坚持每天发三条原创朋友圈，每一条都是自己思考之后再输出，从不无脑抄袭。这件事情一直坚持到了现在，我坚持了六年多。

我相信，没有思考的一天就是白费的一天。

27岁，我不止在思考如何赚钱，同时也在做很多女孩子都在做的事情——谈恋爱。因为时间自由，我投奔了当时谈了几年的男朋友，从上海去了香港。

到了谈婚论嫁的时刻，我给了男朋友一个提议，说："我们结婚买房或者租房都可以，毕竟一线城市的房子那么贵，动辄几百万元，不是随随便便就拿得出来的。"后面又加了一句话："但是我们可以去看看"。

男朋友相信了，跟着我约的中介去深圳看房。在这之前他从未看过任何房子，对楼市只停留在很贵的"听说"里。我们以为新房比较贵，只敢看二手房，一上午没有看到一个合适的。这时候中介给了一个建议，说要不看看正在开盘的新房。

反正看都看了，那就看看吧。下午我们去了一个售楼中心，销售的是福田市中心地铁站沿线楼盘。我记得很清楚，当时样板房在45楼，100多米的高度，站在窗边远眺，整个城市都在脚下，甚至还能看到远方的深圳湾海面，晴空万里，豁然开朗……那一刻我们两个人都很惊喜。可是问题来了，我们喜欢的户型，首付要 200 万元。

可能男朋友当时也很憧憬我们可以有一个安定的小家，所以回去之后，他就开始行动。他自己的存款加上我的存款，又找父母支援一部分，还外借了一部分，我们一周凑齐了首付。一个月以后，我们已经办好了所有的买房手续。就是第一天看中的楼盘，是样板房楼下那一户。

2018 年，我们又踏入了结婚、怀孕、生子的人生阶段。怀孕生子是我的事，严重的孕反导致我看手机很晕，因此我中断了当时的微商事业。而这时候，上海的合伙人们看我已经定居深圳，大家都想要趁市场好的时候把酒店卖掉，尽管我非常不舍，但按照少数服从多数的一贯原则，不得不接受了现实。没有了微商，也没有了酒店的管道收入，没有一点点防备，我突然变成了零收入的家庭主妇。

2019 年，孩子出生了，由于激素的影响、身份的变化以及与长辈的相处，我不得不面对一系列的新问题，一度陷入中度产后抑郁，每天都要在卧室哭好几次。

2020 年，孩子 8 个月大时，我重新振作了起来，默默告诉自己：我要发展自己在深圳的新事业，我要积累在深圳的资源，我要积累未来的生产资料。考虑到兼顾家庭，我依然选择时间自由的微商，这次选了另一个客单价 200 元的刚需项目。

因为有了两年原创朋友圈的积累，我可以很顺畅地把朋友圈作为变现工具。在朋友圈官宣我的微商事业后，我很快就出单了，很快就招到了好几个代理，很快就把第一笔投资的货全出完了。又因为曾经的管理经验，我很快建立了一支新的线上团队。第二个月，我实现了靠朋友圈在深圳月入 1 万多元，起码赶上了深圳平均工资。可是过了一年，每个月收入还是 1 万多元，我一边思考原因，一边到处寻找新的机会。

2021 年初，钠钠发了一条要开启内测新项目的朋友圈，我第一时间发了申请过去。很幸运，我被邀请到了第一个内测社群，也很幸运，在群里我看懂了石上生活社群团购这个项目。我开始在自己的朋友圈推广石上。

有的人很信任我，二话不说也开始做；有的人还没听我介绍到一半就把电话挂了；有的人迟迟没有行动；有的人开始了一段时间又放弃了……不管对方的反应怎样，我都持续地推广石上。每天给自己设置目标，约到五六个人介绍项目，就这样持续干了几个月，团队越来越大，我们也成为石上第一支业绩破千万的团队。

就这样持续干了两年多，我成为石上的头部团长，拥有了万人团队。实现了曾经一年赚六位数到一个月赚六位数的跨越，实现了从年入 3 万到年入百万的指数级增长，更是进入了石上年入千万的队列里。

2022 年，因为拥有管道收入，也给了我在一线城市再置业的勇气，我又购买了一套维港海景新宅，新宅也是曾经梦想中的模样。

2023 年，因为拥有管道收入，我还放心地孕育了第二个孩子，甚至在"躺平"的三个月月子期间，账户还自动进账好几十万元。实现了曾经想要的两个宝宝，和怀一胎时未曾实现的孕期管道收入。

一眨眼来深圳已经五年，大宝已经 4 岁半。深度思考之后，我和老公决定带孩子们去香港上学，接受真正的双语环境。我中学时代的异想天开也实现了。儿女们这一代和我曾经的成长环境已经有了天壤之别。每天站在窗前，望着天蓝蓝海蓝蓝的清澈维港，我也会感慨，人生上半场，梦想都已实现。

最近几年，对大部分人来说非常艰难，大环境不好，但仍然有局部机会。对于石上女孩来说，我们是如此幸运，我们都遇见了局部机会。

对于我来说，更是幸运地抓住了局部机会，带着思考力和梦想力，从村庄走到一线，从零收入到年入百万，从毫无资源到梦想都实现，变成了别人眼里心想事成的女性。

但我想说，我可以，你也可以。既然有人已经实现，那它就是一条畅通之路。你只需要找到它，走过去。

我越来越清晰自己未来要走的路：把机会、信息、方法、思考力、梦想力，传递给更多女孩，共同为社会创造价值。

期待我们的连接。

享受孤独，
专注自己，
为自己而活。

大头蕉

石上生活卓越店长
线上服装工作室主理人
知名旅行网百万阅读博主

创业是一场深刻的自我觉醒

你知道一个人从在黑暗中身负重担到蜕变得轻盈绽放是怎么样的过程吗？

你知道努力给自己搭建舞台的感受是怎么样的吗？

我想我的故事，你会爱看。

女人一定要"置顶"赚钱能力

我是一个广州女孩，出生在一个普通家庭。我从小就独立、努力且好胜。大学时我就已经开始"搞钱"，毕业的第二年就成为上市公司的百万精英。刚毕业就拿到一点小成功，当下心生喜悦。在觉得一切顺利，生活也变得美好的时候，命运的齿轮开始转动，我突然失业了。

有一句话说得很对：女性的命运有三个转折点，一是原生家庭，二是婚姻，三是自我觉醒。前两点并没有改变我的命运，而在我退居家庭、开始创业后，我的经历一次又一次让我觉醒，甚至影响了我的家庭、我的婚姻、我的人生。

成为一个全职妈妈后，我独自带娃两年。我婆婆和公公是很传统的老一辈，除了有点男尊女卑的思想外，生活也节俭惯了。有一件事情让我印象深刻，一次周末我带孩子回家看二老，五月初夏我就开着空调了。我婆婆看到后悄悄发了信息给我，说我老公赚钱很辛苦，我们不要铺张浪费。我并没有生气，因为我婆婆是很善良的人，她甚至不知道我以前的收入，只是认为"在家不赚钱"就要节省。就是那时我心里涌现一个念头：**女人一定要"置顶"赚钱能力，女人也可以引领整个家庭。**

在那之后，我开始尝试做公众号、淘宝直播、小红书，最疯狂的时候只身一人飞到杭州住了一个月，只为等待一个培训和签约。但**人是赚不到认知以外的钱的**，这些小打小闹最后都没有激起水花，我从来没有创过业，根本不知道什么是商业模式、什么是团队、什么是管理，我更像是在"赚钱"。那时的我，商业和创业的思维极度缺乏。

辗转一年下来，我的收入跟前公司比差别还是太大了，我焦虑了。之后，我悄悄注册了一个微信号，开始做线上服装，做了别人眼中的"微商"，这一干就干了六年。

我做了自己的服装工作室，虽然说也是自由职业，但真的很忙。因为没有人带领，从一开始就自己摸索，每天除了陪孩子，其他的时间就是盯手机、发货，不过最后也取得了不错的回报，有了稳定的客户，并且在2017年建立了自己的第一个社群。

做线上零售总会遇到形形色色的人，曾经有一个妈妈买到产品觉得不太满意，发给我满满的吐槽和抱怨，甚至说出了一些令人听了极度不舒服的词。我虽然会委屈，但是我都会站在客户的角度去处理，"没关系，如果不满意，你可以退给我""你一定要给我反馈，我才能做得更好，不能只有好评，不满意我也全盘接受""我来处理，我的人怎么可以吃亏"……这个妈妈后来成了我的忠实客户，从不怎么网购到给我推荐了很多同事。到现在回过头来看，这都是之前我在播种，播下了利他、理解的种子。

现在回看自己走过的路，每一步都作数，每个行为都在为现在的我做铺垫。

当你不需要做任何事都结伴，不纠结别人怎么看你，不在乎面子，你会真正打开任督二脉，享受孤独，专注自己，为自己而活。

铁打的"营业魂"

2021 年，我遇见了石上生活，遇见了钠钠。我的命运齿轮再次转动。

做了石上，我建立起我的团队，带领很多女性自我觉醒，为增添一份收入而加入石上。在团队建立的这两年时间，我的大量工作时间都是交付给团队。我帮助了很多女性从个体零售到她们的百人团队、千人团队。最高峰是有一天约的语音电话几乎没停过，喉咙都沙哑了。为了协助团队招商，协助团长落地到社群启动，我整理出一套"精细化建立私域社群系统运营方法"带给团队长们，然后团队开始爆发性增长，半年时间实现从零到几千团长的增幅。

别人评价我"稳"是因为建设团队根基快而稳，并能创造指数式增长。我老公甚至时常跟我开玩笑，当我睁开眼拿起手机的时候，他说："你又营业啦？"我团队中的姐妹笑我这是铁打的"营业魂"，我哭笑不得。是的，当我抓住了时代的红利，就不允许自己有丝毫放松，这也是我人生全力以赴的时刻。

当我带着这群姑娘们月入两千、两万甚至十几万的时候，我真的特别激动。石上是以社群团购为根基，以教育赋能和直播短视频为辅助，三位一体、环环相扣的商业模式。而它的短路经济能让客户省钱，让创业团长赚到钱，甚至是大钱。这个时候我心中有一个信念，我种下了一颗种子：我要帮助 10000 个女性增加收入！我要帮助 1000 个女孩月入过万！这是种子，亦是大愿。

一个人的成功一定是他帮助了很多人成功

这是我的又一次自我觉醒。

以前独立做服装的六年中，我几乎没有走出去，更不要说自我提升。没有社交，甚至连说话流畅度和思维逻辑都面临退化。

但在石上，我感觉我脱胎换骨了！石上的教育板块让我非常动容，钠钠的愿景是希望帮助我们赚钱，也希望带着我们提升自我，用商业赋能教育，用教育反哺商业。钠钠带着我们一次又一次地走出去，两年时间，我上了我过去十年所学的课程的总量，从道到术、正念实修、创业思维、商业管理、私域运营……我在不断提升自己的过程中，内心也备受滋养，沉浸在热爱的工作和持续的提升里，醍醐灌顶，悠然自得。**曾经只在自己的小世界，出去学习后才拥有了大智慧，我仿佛发现了宇宙的规则，财富的密码。**

而我也带着我的石上女孩们一起去学习，很多女性缺少这样的机会，没有点拨就容易内耗。我很开心带着她们找到了自我，内修心、外修金，在事业上也更坚定、更拼搏。

石上也影响了我的家庭关系。我是没有婆媳问题的，我很感恩我婆婆，她把家里打理得非常好。平常我忙工作，她就把孩子们照顾好。女性贵在自立，我七年的线上事业闯荡还直接带"坏"了我婆婆，她不再那么顺从我公公了，开始表达自己的喜欢和不喜欢，乐意和不乐意；她喜欢跟我一起出门，喜欢在家里招呼我的团长，我婆婆说"看见你们我也很快乐"；我婆婆也开始用手机做线上，她说这是一份事业、一份尊严。**石上的魔力太大了，它唤醒了太多女性，改变了很多人的命运，我一直觉得做石上是很有福报的事业。**

我的亲密关系也发生了神奇的改变。我老公在上周第一次参与了石上的全国巡回会，算是第一次全面了解石上，他说以前我做什么他都会支持，因为觉得我的选择一定是对的。他以前觉得我也是在做团购卖货，但没有想到石上的商业体系和愿景如此震撼人心。他这次来看到了我的海报，见到了我的团队，听到了我的分享，感觉看到了另外一个世界的我，更睿智、更轻盈，如沐春风。我平时也会将我所学分享给他，所以我们从来不吵架，也是石上锻炼我，使我拥有了更稳定的情绪，更稳定的亲密关系。

没想到我能引领一个家庭，从财富、思维、认知等方方面面地反馈到家里每一个人身上，更是给我的两个可爱的宝贝做了最好的榜样，**成为我自己，就是最好的妈妈。**

这一路走来，我都在自我觉醒，也更坚定自己未来的路：引领更多女孩实现独立创业。**创业是一个综合能力，看到趋势、思考、行动、心力、信念，缺一不可；而在石上创业又是一场滋养的洗礼，让你活出自己，重新定义自己。**

我在石上实现了人生收入的指数级爆发，实现了从一年赚六位数到一个月赚六位数的跨越，也和公司一起努力，进入石上年入千万的队伍里。在这里，我跑通了从 0 到 1 的道路，我可以，你也可以。

期待与你连接，一起寻找那个努力又绽放，如沐春风的自己。

拥有坚定地相信
能成事的信念感，
就是成功的根基。

Mia 夏敏

石上生活卓越店长
千万私域营销商业顾问
百万知识 IP ＆ 造课专家

农村女孩从一无所有到年入百万，做对的三件事情

我叫夏敏，是石上生活万人团队长，两年多的时间完成了累计过亿 GMV（商品交易总额），是从业了七年多的知识 IP，是一家教育公司的创始人，还是畅销书作家，更是两个男孩的妈妈。

先给大家分享一份我的人生成绩单。

22 岁：一边工作一边做在线教育副业，实现了业余收入月入过万。

23 岁：跟同是毕业两年的男朋友，外借上百万元，在深圳买下第一套房，之后两年时间还清了所有的债务。

24 岁：进入互联网教育行业，专职工作在半年内创造出 500万元业绩的课程营业额，一年加薪三次；统筹过线下 15 个城市的新书分享会；能写商业文案，能做推广，会做营销，单篇文案最高转化 60 万元业绩。

25 岁：工作加副业最高月收入 25 万元，单日收入 5 万元；成为国际认证热情测试执导师，并建立女性成长社群。

26 岁：怀孕生子；与老公全款 30 万元买下第一辆 SUV；最高月薪达到 50 万元，单日最高收入达到 20 万元。

27 岁：成立教育公司，全职创业，自主研发多门线上课程，累计付费人数超过 10000 人；带领大家提升财富认知、提升阅读写作能力；通过写原创文章、线上线下做公益分享，累计影响了超过 20 万人成长；写过 700 多篇个人成长类文章，单篇文章最高阅读量 10 万 +；为领英中国、趁早读书会等组织、知名教育平台提供内训课程。

28 岁：加入石上生活，一年时间成为头部店长，每年 GMV 达八位数，团队人数超万人。

2023 年，我 30 岁，成为两个男孩的妈妈。20 岁时希望拥有的热爱的事业、相爱的伴侣、健康和谐的家庭关系、丰厚的财富收入、全款的房子车子，在我 30 岁时已经全部拥有了。

看到这里，也许你会以为我是个高知家庭培养出来的孩子，拥有高学历，所以才能在短短八年时间里，在一线城市拥有普通人也许需要打拼几十年才能拥有的一切。

但是并不是。

我只有大专学历，我的父母都是农民，我在 2014 年 12 月刚来深圳时，还是举目无亲、一穷二白的状态。

如果要问我是因为做了什么，才有了这些，那我想给你分享以下三点。

每天至少进步 1%，掌握人生的主动权

我家里只有我跟妹妹两个孩子，但生活在有重男轻女风气的农村，从小生活的环境里，一直有两种声音环绕在我的耳旁。一种声音来自我的妈妈，她经常跟我说，你是女孩子也没关系，人穷志不短，每个人都可以通过自己的努力改变命运；另一种声音则来自生活中的各路亲戚与邻居，大家用各种各样的方式向我传递，"女孩子不用读这么多书""女孩子不要太要强""女孩以后都是要嫁人的"等思想。

我选择了听妈妈的话，我不想向命运屈服，我一定要证明给那些看不起我的人：我一点也不比男孩子差，女孩子也可以出人头地。

要出人头地，是我有了自己的意志以来，立下的第一个志向。

我在读高中之前的成绩都非常好，经常在全班名列一二，或者是年级排名前十。之后我以优异的成绩考上了县城的高中，一个人在外面过上了寄宿生活。因为在家里面被妈妈严厉地监督着，当我到了外面，品尝到自由的滋味后，我开始了一段时间的放飞自我。

在放飞自我的这段时间里，因为没有兼顾当时的课程，等我醒悟过来的时候，已经落后很多了。我想努力，却发现在之前运用并成功了的学习方法已经不适用了，我陷入了一种迷茫与孤独的怪圈里。

2012 年，我参加高考，当年的高考总分是 850 分，而我的成绩是 430 分，这个分数只能去上大专。

在我痛哭了两天后，我重新思考了自己想要的人生是怎样的，当时我脑海里浮现出来的画面就是，我不甘心就这样放弃学业，就此走上社会，做一些出卖劳动力的工作。

所以我选择了去广州的一所大专院校继续读书，**因为我心中还有"出人头地"这个强烈的志向**。虽然高考失利了，但是只要我还有书读，只要我不放弃，我就还有希望去实现梦想。

那个时候的我觉得，只有在大城市，我才能开阔眼界，我才能看到优秀的人，我才能积攒自己的能力。当我确定了学校，并被录取后，我又做了另一件事，就是好好思考我要怎样去过三年的大学生活。

我给自己制定了一些在大学里要实现的目标，比如要当上学校学生会主席、要拿奖学金、要自己解决自己的生活费、要成为班干部。因为有了这些清晰的目标，大学生活的每一天，我都过得特别充实。入学前定下的所有目标，在大学毕业前都实现了。

2014 年，我们可以全职出去实习了，我们学校的学生每月平均实习工资是 1300 元。我在学校付出的这些努力，成功地为我赋能，我也十分顺利地找到了我的第一份实习工作。入职第二个月，我的基础工资加奖金就有 4500 元了。

这段人生经历，让我深深地明白了一件事：**在什么环境不重要，别人怎么说不重要，重要的是自己坚信什么，自己做了什么。**

每天保持有标准、有迭代地投入行动，真的可以掌握人生的主动权。

拥有坚定地相信自己能成事的信念感，就是成功的根基。

大量探索，找到终身热爱的事业

我从来没有忘记过，我要变强大这件事。

2014 年，我开始工作后，除了尽一切可能做好自己的本职工作外，下班后我还做了非常多的自我探索的事情。

► **大量尝试：**参加了 17 轮 21 天打卡，用社群打卡的方式探索自己感兴趣、有热情的事情。

► **大量阅读：**一周最多可以做到阅读 6 本书；一个月最多阅读 25 本书；一年最多阅读 150 多本书。

► **积极学习：**从 2015 年起，每个周末我都通过线上、线下的方式，大量学习各种课程，一边精进自己的专业能力，一边探索自己的天赋以及自己内心真正的热情。

► **主动社交：**突破自己的关系圈，认识不同圈子的人，打开自己的社交圈子，打开眼界。

► **大量输出：**我会在朋友圈大量分享自己喜欢的、有价值的内容；在各大社群里分享自己的新媒体技能，以及与自我成长相关的主题内容；将自己践行过的所有方法论写成文章，通过输出文章影响更多人，帮助他们过上自律的人生。

在这样不断探索、不断精进的状态中，我发现我在写作跟表达这件事上，不仅富有源源不断的热情，还能比其他人用更短的时间产出更大的效能。

所以从 2016 年开始，我的人生开始往一个快速发展的方向前进：

▸ 从单节付费微课做到付费特训营的系列课程，并顺利开展多期，获得超多好评；从一个野蛮生长的讲师，拓展到跟多个平台合作开展分享课。

▸ 从在朋友圈分享内容做到半年内在各大平台做超过 100 场公益线上分享，最大的一场人数超过 7000 人。

▸ 因为持续分享，持续表达，得到了进入头部教育公司工作的机会，并成为核心骨干；持续用内容深耕私域，成为一位具备影响力的私域 IP。

▸ 从创业第一年至今，每年都用内容变现过百万元。

不管是助人还是赚钱，都要找到自身的优势与擅长的领域。只有如此，才能穿越到达成功之前的所有黑暗、焦虑与迷茫。

而我找到的这份热爱，不仅让我构建了有深度而持续的私域影响力，更是给我带来了源源不断的财富，让我在热爱里持续得到正反馈，持续做强做大。

学会销售，持续变现

在职场工作的时候，我自己有一个意识就是：**白天是我给老板打工，晚上我是给我自己的未来打工，我就是自己的老板。**除了做好本职工作外，我会不断地抓住所有能抓住的机会，主动承担更多的工作内容，通过做事本身销售自己，让老板看到我越来越强的能力，我也因此得到了一年加薪三次的机会。

下班后，我不断在私域朋友圈、在公众号、在社交媒体上输出有价值的内容，跟能够连接到的所有人销售我的经验、认知以及思想，通过课程与付费分享为产品进行转化，并拥有了超过10000位付费学员。

2021年，我从知识付费跨界进入石上生活，凭借长期培养起来的销售思维，我在资源不变、能力相当的基础上，借助平台的影响力，通过销售构建起了万人团队以及"睡后"收入管道，并且在一年时间内成为平台上百万团长中排名前十的头部团长。

销售能力是生活里必备的核心能力。**生活中，要做到无时无刻不销售，我们只有不断地销售自己，销售自己的服务、才能、技能、认知、思维等一切，才能不断获得别人给我们的认可、掌声与财富。**

越早学会销售，并且成为顶级销售高手，不仅能让自己得到源源不断的财富，还能使自己拥有人生的底气跟实力，无惧任何危机。

真诚与坚持，
是成功的必杀技。

蛋 蛋

9 年创业者
石上生活卓越店长

主打反差的人生

大家好，我是那个被美貌遮盖了才华的"搞钱"美少女蛋蛋。

我是那个读书时期，凭借着潇洒飞扬的正楷字体以及朴实无华的文字，写的作文经常在年级里作为模范作文流传的"小作家"；也是那个临到考试前交头接耳"我不会""我没复习"，但考试结果一出来就让众人目瞪口呆且在全年级表彰大会上台领奖的学霸；也是那个历史单科成绩不及格被老师下课喊去抽查背诵的偏科学生，因为实在不喜欢这种"特殊对待"而暗自发奋，然后统考成为全区历史单科成绩第二的优秀生；还是那个以保送生的名义直接从初中进入高中，并且整个高中时期拿奖学金拿到手软的优秀学生。学生时期的"学霸史"让我成为大家心中的"别人家的小孩"，虽然平时看起来吊儿郎当，周末只知道玩耍，等到周日晚修才补作业的"差生"，但也是每次一到考试就发挥超常，让人百思不得其解的"模范生"。曾经的我让同学妒忌羡慕，也让老师又爱又恨。

无论是读书还是工作、创业，一开始吸引老师、领导注意的，常常是我的样貌，但后期我都是通过脚踏实地的做事原则和完美的落地交付的执行力得到奖赏。老板、领导都会对我格外偏爱。但因太热爱自由，无法坚持朝九晚六、一眼望到头的日子，所以我后来选择独自创业，一路为自己打工，经营着属于自己的事业。途中不断坚持深耕，也因此获得了很多鲜花和掌声，种下了很多好种子。在这两年半的时间里，我也吸引了不少人加入我的团队，并且一起在石上这份事业上创富。

在石上，我也获得了不错的成绩，目前在40万的团长里已经是前十的头部店长。每逢重要会议，几乎都是一字不漏地传达笔记，并把课件传阅给大家，大家会喊我为"课代表"。今年开展的项目讨论，项目的立项、构思环节中，我总是被她们推到第一个发言以及作为项目总结代表发言。自营品的孵化是今年的重中之重，我明明是只负责图片视频拍摄，却被拉去做了主持人，我还参与了布置组、海报组、宣发组、控台组、妆造组等项目的配合工作。大家恨不得把我劈成八块去完成任务。大家经常说自己是什么都不会的人，但大家总说我是全能型学霸，所以在选项目小组人员时，都会希望我去她们小组一起分担工作。有时候我会默默地想，我要怎么隐藏自己的实力比较好，这样就能少干点活了。

当代女性从商比较容易取得成功是因为拥有共情力，女性可能更加注重情感类的抒发，但是我不仅精通赋能，也十分重视商业逻辑。这也和我读书时期比较侧重理科有关。虽然在校期间，我选择的专业是文科，但是我的数学成绩却是拉分项。加上步入社会后，对于商业模式中关于分红或者利润这一部分，我几乎都是听一遍就能够举一反三，甚至可以利用数学模型去分析一个领域的赚钱底层逻辑。很多人往往都是被我严谨的计算和细腻的演讲打动，而不是被颜值所折服。

我想我做什么事总是能够在短时间内取得成绩，除了在做事的过程中用"学霸"的实力去征服大家，更重要的是因为我的真诚与坚持，我觉得这两点是我成功的必杀技。

真诚是真正站在客户的角度去思考他们需要的是什么，而不是我想要索取什么；真诚是不仅在逢年过节嘘寒问暖，而是真正在日常生活中跟客户成为朋友；真诚是帮助、成全更多人，并成就自己。在这九年的线上创业时间里，我经常能够收到私信，我的客户是发自内心地感谢我帮助她们真正买到品质高，价格又实惠的好物；而且也因为给客户或者其家人送礼多，她们也经常给我和我的家人送东西；后来做了店长之后，我带领很多不同女性创业，不仅让大家在认知上得到成长，而且带领大家实现了靠一部手机就能够有收入的理想生活。

还让大家百思不得其解的是我一个单身人士，我团队里却几乎都是宝妈。平常宝妈的圈子里大家更多吐槽的是一地鸡毛的家常琐事，而我的身边都是宝妈们边带孩子边"搞钱"的正向反馈。她们经常说连跟另一半吵架都没有时间。她们平常带着孩子来参加活动都满是感恩，因为来公司不仅有美味佳肴，还能接近一群充满正能量的女性。不做牺牲妈妈，做发光妈妈。在孩子的眼里，妈妈不是只会做家务的保姆，而是在商场上也能够乘风破浪、披荆斩棘的超人妈妈。

我的团队里有形形色色的人，让我印象特别深刻的一件事是，有一次我们搞团队聚会，但那时我忙于做项目，我就把团队聚会的事情安排给几个联创负责。活动当天，我作为一个参与者，有十分钟左右的发言时间。我在上台之前，她们和我说给我准备了一个惊喜，我当时还有点蒙。后来才知道大家瞒着我偷偷录了一些想对我说的话，剪辑师前一晚连夜剪辑好，在活动上放了出来，在现场我的眼泪一下子就落下来了。作为一个情绪稳定的人，我遇事沉着冷静，内心无比强大，除了平常看些比较煽情的电影时会落泪，很难再有什么事情能够让我流下泪水。但在这样的场合下，我却控制不住，潸然泪下。

视频里团队成员纷纷对我表示感谢，感谢我一路引领大家一直前进，成为更好的人。大家说我是小小的个子里藏着大大的能量。有位宝妈说，第一次来公司参加活动时，下着倾盆大雨，当时她抱着孩子，司机一直找不到路。后来我没有拿伞也没有披雨衣，直接跑到大马路边给他们带路。其实这件事我也不太记得了，直到她在视频里对我表达感谢，我才回忆起。我发现，原来我不经意间种下的很多善意的种子，照亮了很多人的生命。

说起真诚和坚持，我还一直在坚持做一件事，那就是坚持行善。从大学到现在，十多年间，我坚持每年带着很多人去参加2～5个大大小小的慈善活动。大四时我关注到一个福利院，然后每年都会向身边的人发起募捐，给福利院送冰箱、书桌、播放器、大米等物资，定期带着一群人一起去福利院里捐赠以及做公益；这几年也是亲自到偏远山区扶贫和授课；今年还千里迢迢、跋山涉水到云南某山区，把大家的心意送到希望小学，看着学生们黝黑的肤色夹杂着淳朴的微笑，也让我体会到生命的意义。我开始做慈善时只有少部分人参加，后来队伍慢慢壮大。很多人基于对我多年的信任，虽然没有参与活动，但是每一笔善款都是交给我打理，让我把每一份爱心亲手交到有需要的人身边。在这个世界上，每个人都是一颗星星，我们都可以照亮别人的生活。

常言道：相由心生，福由善养。在创富的路上，我们也在修心、修行。**再贵的化妆品也没办法化出永恒的美貌，一个人身上真正闪耀的是善良，是教养，是包容，也是我们的涵养。**我们的口袋里装了多少钱，别人是不知道的，但是我们散发出来的精气神，我们的气质，别人是能够真正感受到的。这两年多创业的路上，很荣幸遇到既是良师也是益友的钠钠，让我能够站在成功的巨人的肩膀上，一路秉持着正心正念去引领更多女性成长。

我们的态度可以传递给更多女性，我们的微笑可以感染更多的家庭，我们的光芒可以照耀更多还处在黑暗里的人。**女性的一生，应该是心无旁骛地去专注自己、取悦自己，实现精神独立、经济独立。**往后的人生，我将继续不断践行、深耕在这个领域，带领更多的女性实现内修心、外修金。

成就自己的唯一路径
就是成就他人！

王丽钦

石上生活卓越店长
9 年连续创业成功者
实体婚纱店主理人

九个顶级思维，拆解财富密码

我是王丽钦。听到钠钠邀请我们一起写书时，我有点惊讶，初中毕业的我还可以写书？凭什么？我可以给读者提供什么价值呢？

我思考许久，给自己定了三个小主题：（1）我是谁？（2）创业是义无反顾地投入。（3）拥有顶级思维模型就拥有财富。

下面我具体来阐述我的想法。

我是谁？

我是来自福建莆田的一位"90后"二胎妈妈。我只有初中学历，从没上过班，父母是做传统生意的。在本地早婚早育的环境中，以及周边"女孩子读书太多没用""女孩子上班赚得太少不如找个做生意的人家嫁了""女孩子要早点嫁人才有个好命"的思想影响下，身边的同学、朋友早早就为人妻、为人母。幸亏我爸爸觉得我不应该早早嫁人，想要把我留在家里，我才早早出来

"做生意"。

我在自家工厂做过财务和管理，但其实就是干苦力的。人们常说"上得厅堂，下得厨房"，实则就是女孩能做家务、能做饭就很优秀了，还能做点小买卖就更不得了了，就更不愁嫁人了。小小年纪，还时常受到长辈的夸奖，我也不会思考我要什么，我可以做什么，只一心沉浸在做完早餐后计划做午餐，做完午餐后准备晚餐的生活中，成为无脑的服务者。

到了23岁的时候，我发现已经结婚的姐妹们，并没有因为她很漂亮、很勤劳、很听话，婚后就过得有多好，而且常常也会感到被动和无奈。我也突然醒悟，为什么我要活在"男人为大，女人不行"的价值观里？我难道要一辈子做饭洗衣、收拾家务吗？

我心里有个很清晰的声音：我不，我要走出去，我要成为我自己。

创业是义无反顾地投入

23岁，我从北京回到老家，借了爸爸3万元，加上自己2万元的存款，我开始自主创业。由于在老家做过9次伴娘，所以我选择的行业是婚纱租赁。我想要被美好包围，我想要过得像公主而不是女工，所以我开启了婚纱行业的创业。

2015～2019年，我从60平方米的小工作室搬到了300平方米的店面，其间除了结婚、生孩子短暂地休息了一阵，基本都在工作，那时我才悟出了：**创业是义无反顾地投入，这种投入包括时间、精力，甚至无法平衡家庭。**在大家放假时我在加班，在大家过年时我草草回家吃个饭再上班，在孩子需要人陪时我待在店里走不开。是的，很多创业者说创业就是克服重重困难，不过正是这份坚定的决心和不退缩的信念，驱使我走向未知，迎接挑战，打破困局。

在我感到很累，一度想离婚、想恢复自由、不想创业的时候，我选择了去上课，我开始跳出行业圈子去学和婚纱无关的知识，学完后我又觉得我可以了。**创业是义无反顾地投入，但是如果没有填补认知缺陷，只有吃苦、努力，也是不够的。是学习，让我有了底气。**

这几年，我没有颓废，而是选择投资自己，我花费了 20 多万元去学习，从阳明心学到实修，从项目管理到短视频自媒体，从方法到心法。我很感谢身边的贵人，带我学习，连接智慧，打破重组。

用顶级思维拆解财富密码

即便是在过去的三年里，我依然逆流而上，把婚纱店从 500 平方米扩展到现在的 1000 平方米，同步线上创业，用私域电商石上生活这个平台创造了几千万元的 GMV，我是怎么做到的呢？

1. 长远规划

我以十年为一个阶段，衡量线上私域电商对我做实体店的影响和这件事我能不能做至少十年。不看眼前利益，制定长期目标和规划，所以我两年做到了石上的头部，孵化了几十个年入 6～7 位数的伙伴。同时婚纱店的经营也定了第二个十年，为此今年才重新换店升级，并且取得了业绩增长 50% 的成果。

2. 系统思考

我会思考如何系统化运营，从一个人活成一个团队。一群人可以走得更远，匹配各个岗位实现更高的效率和效益，这是我经营石上学到的。

3. 创新思维

我拍过短视频，做过直播，写过公众号，用教育赋能商业，用线上事业赋能实体，我善于寻找新的解决方案，挑战传统，勇于尝试新的方法。

4. 风险管理

我从不做超出风险的事。我创业初期只投入 5 万元作为启动资金；其间没有学习风险管理的时候投资过 P2P，投资过喜铺男装、烘焙等，虽然都失败了，但并没有大的损失；后来我开始做风险管控，线上做的几千万元 GMV 是低成本撬动的，用线上赚的钱给婚纱店做投资。我还学会了理财，不贷款、不借钱做事，理性分析风险，采取有效措施进行风险管理。

5. 人际关系与影响力

2023年，我在石上平台成立了独立的团队"亮星队"，并且吸纳了全国各地的人才进来，并搭建起了团队，赋能更多人；提供了舞台，给更多人成长机会；与团队伙伴互相砥砺，快乐生活。

6. 学习和适应能力

我知道认知差就是赚钱能力差，所以我持续学习，付费请高人指点，通过付费几万元连接创业者钠钠，也付费几万元了解了短视频直播，付费成为知行合一大学堂的学员，成为依娜老师的实修学员，内修心外修金，等等。学习给了我更多的底气，让我不断适应变化的环境，不惧怕新的挑战。

7. 培养领导力

我很擅长激发伙伴的潜力，我的合伙人大多已买房买车，我陪伴着她们从一无所知到独当一面。我的线上伙伴，只要是和我聊天，我都是鼓励对方要赚钱、要向上、要学习，因为我知道激发团队的潜力，引导她们朝着共同目标努力，团队的伙伴才会向光而行，越来越好。

8. 拥有强执行力

我要做社群，做了；要做团队，做了；要做培育，做了；要拍视频，拍了；要做直播，做了；要做发售会，也做了。**不会做没关系，先完成再完善，将想法付诸实践，有效执行计划，阶段性取得结果。**

9. 利他思维

阳明心学里有句话：**成就自己的唯一路径就是成就他人！** 我选择相信石上生活，是因为可以利他，它集合了数字化经济、个人成长教育、无天花板的商业模式等，这不是一个点的优势，而是"多个面＋线"地为他人服务。我要建立团队，帮助成百上千个人月收入涨到四五位数，用知识付费的形式带团队实现人人自我增值，哪怕以后不是事业伙伴，也是有价值的。

我用九个顶级思维框架，过上丰富多彩的生活。我的梦想很大，我还在路上，要继续努力，去攀登一座座高山。

最后我要说，谢谢你，我爱你！

人对了事情就对了，
持续"会跟"才是慧根。

王慧慧

石上生活卓越店长
9 年国际代购

从文艺女青年到"搞钱"女孩的跃迁之路

我是慧慧，出生于江西省一个四面环山的小山村里。小时候每到夜幕降临，万籁寂静，看着连绵起伏的山峦，我就会感知生命是如此的虚无，心怀伤感。那时候，我的梦想就是带着我的家人走出大山，走到繁华的城市里去。

自开始读书后，我就知道考大学是我唯一的出路。虽然不是学霸，但是我勤学苦读，顺利考上了重点高中，又顺利考上本科。虽然我考取的只是一所普通院校，但那时候却是非常轰动的事情——我是村子里第一个考上本科的孩子。

那时的我非常清晰我这一生不要什么和想要什么，那就是不要过一眼见到底的生活，不要从 20 岁到退休都做一样的工作，想让仅有一次的人生过得精彩，去体验各种事物。所以大学里，我选择了旅游管理专业。因为我非常清晰地知道，出身普通家庭的我没有钱去全中国、全世界旅行，那我就用工作之便去丈量这个世界。

毕业后，我选择了一个我最喜欢的城市——杭州，开始了导游这份工作。我成为一名江南导游，游走在江南的四季美景和文化里，并和各种各样的人打交道。我非常热爱这份工作，加上我温婉的性格，我在工作中收获了许多好评，还获得了政府级的证书认可。

虽然导游是"阳光职业"，不交社保，没有保障，但也因为不用坐班，自由自在，并且收入比同届毕业的同学还高个四五倍，这就是我那时的理想工作。那时候年轻，没有压力，没有高人带，更没有大的愿望，赚的所有钱除了拿一些给父母，更多的是用来自己去体验这个世界，随心而走。

记得一次看到某论坛上某篇帖子说，西藏某个湖能够看到人的前世今生，我第二天就订了一张火车票进藏，徒步拦车拼车，在西藏待了二十天。冬天是旅游淡季又特别寒冷，我就会飞去三亚过冬，认识了很多候鸟一样的人……这些都是非常棒的人生体验。

那时候的我喜欢古典文学，喜欢安妮宝贝这样的女性作家，伤感又文艺，不想做"房奴"，不想做"车奴"，甚至不想结婚，觉得这些都是束缚，而我是一个生活在云端的文艺女青年。我曾经说过青春无悔，因为青春那几年过的都是我自己想要的生活。

2015年是我人生的分界线，那一年，文艺女青年遇见了喜欢的人，甘之如饴地结婚了。很神奇，人一结婚就考虑买房子安家落户，因为不想让孩子也和我一样从老家出来后居无定所，所以那一年我们就落户杭州，买房买车，做起了"房奴""车奴"。**孩子出生真的是女性的第二次觉醒，为人父母，总会想着，我们不努力，下一代就需要努力。**

也就是那一年，我从国内旅游转向国际旅游，游走了很多国家，领略了各地的风土人情和文化。我一边带队出国，一边被迫做了代购，因为跟过我的旅游团的客户每次都会叫我带货。

就是这样的契机，我开启了为期九年的朋友圈卖货，也就是现在说的做线上私域。当我的朋友圈从发风景、吃喝玩乐开始转向发广告卖货时，一开始我也是有各种顾虑，但是推动自己做这件事情的是时代啊。我也意识到这就是自己做老板，赚利差，这样赚钱就完全不用矫情。我是那种不怕吃苦就怕没有机会的拼命女孩，为了在朋友圈卖货，我每天各个时间段发朋友圈50条，就为高频被客户看见。那么多年，只有生孩子那天没有发朋友圈，月子里都用手机工作，也因为真实勤奋累积了一些原始客户，并与客户建立了联系。这也为后来做线上项目打下了基础。

2019年，我投入50万元做了一个减肥项目，第一次从自己的圈子里走出来，发现认知之外的人都在学习，都在进步，都在赚钱。这并不是某种程度上的炫富，而是当时带给我的震撼直到现在依旧很大。所以我停了下来，不再每天发50条朋友圈，而是开始沉下心来去学习，去践行。

在那个项目里，我第一次从零售开始做团队。当你开始做团队的时候，你就必须承认，一个再厉害的人也干不过一个普通的团队。我带领一拨信任的人做了两年，也做到了团队的零售和招商的销冠。在那个项目里我经历了普通人的高光时刻，一次次在500人的场合走红毯，做分享。人生没有白走的路，我非常感谢这样的机会，让我一年顶十年地成长。

因为项目迭代，品牌升级，所以瘦身项目戛然而止。**我意识到商业是有周期的，而我们需要具备穿越周期的能力，才能在一次次的商业项目里迭代，赚一次次红利的钱。**

2021年，我喜欢了两年的钠钠开启石上生活团购项目，3月份正式官宣，我就来了。从卖国际一线品牌到做团购这样几十元的生活小用品，一开始也有客户、同行觉得我怎么做团购去了，但是我自己认定的事情，我就会非常努力地去做。

因为非常简单地喜欢和相信钠钠，那时候被她朋友圈的文字吸引，惊叹于她的思想高度，天天都会看她的朋友圈，所以她做石上，我自然而然地就跟上，没有任何怀疑地跟随。我明白，**人对了事情就对了，持续"会跟"才是慧根。**所以我和公司一起经历风雨，一起拓展市场。因为喜欢钠钠就想站在她身边，被她看见，有了最高级别就做到了最高级别，有了可以分红的股东级别就做到了股东级别。

两年多的时间，我曾去了深圳总部30多次，保持和总部信息沟通，连接钠钠和向优秀的人学习，做到了千人团队长。我也一直在不断突破自己，从只是发朋友圈卖货到建立自己的客户群、做社群，也经常直播，经常去全国各地见我的团长们，用直播和社群方式、线下沙龙方式重塑自己和客户的关系。

分享石上的过程中，很多VIP客户用低成本购买到了高质量好物，更看到团队里一个个普通人发光发亮，因为石上的教育赋能人才培育体系走出了焦虑忧郁，走出了一条践行商业的道路，走出了一条每个月多增加3000元收入的路。看到这些，我就觉得超级有意义。也因为做了石上，做了商业，让我在 35 岁的年纪仍能和很多"95后"团长没有违和感地在一起，有了既是战友又是闺密的事业伙伴。

在石上，我看到了高处的风景。我开始从卖货人变成了商业领袖、创业导师，也和公司一起孵化品牌线下实体店，真正地去用时代和项目提升过去的自己。

我曾是一个胆小自卑的女孩子，因为事业加持主动成长，变成一个自信的发光的女性。**我很感谢自己没有固守思维的墙，一次次跳出舒适区，勇于走出来去看外面的世界。**

曾经很长一段时间，我的愿景都是获得车子、房子和钱，现在的我越来越清晰地知道自己的梦想，那就是要带领万名普通女性一起进步、成长。

回顾过去的人生之路，我并不是一开始进入社会就有创业的思维，而是一步步顺势而为。很多职业随着年龄增长会面临危机甚至贬值，但 35 岁的我却觉得未来自己会更值钱。

我常常感慨像我这样一个非常普通的山村女孩，没有经历朝九晚五上班，没有世俗的关系权势，却依然有自己的影响力，不用上班就可以用线上私域赚钱，还能带别人赚钱，就觉得这个时代太了不起了。所以我总是非常鼓励每一个女性打破自己的认知，走出来，去接触这个美好的时代。

2024 年，也是这本书出版面世之年，希望我能照亮你，一起在未来 20 年里乘风破浪。

选对赛道，
努力是可以事半功倍的！

刘雪宁

8 年高端旅游行业
6 年持续创业者
石上生活卓越店长

赚钱是落地的幸福，
也是成年人最大的体面

大家好，我是刘雪宁，一名定居深圳的潮汕人，今年29岁，有一个3岁的宝宝。

我从小在农村长大，家境普通，但家庭和睦幸福，我无忧无虑地长大，按部就班地上学、参加高考。

17岁时，我第一次走出大山，来到广州上大学，那时对外面的世界充满了好奇，也略感自卑。我非常清晰地记得，入学时军训，当舍友们都在讨论大牌护肤品和化妆品时，我连水乳都没有，防晒霜都是找舍友借的；我也非常羡慕舍友们永远都是白白净净的、香香的，而我很黑，她们用的很多东西我见都没见过。

那个时候我就在心里种下了一颗种子，有钱真好呀，我也要努力做个有钱人，在大城市扎根，遇到喜欢的东西可以毫不犹豫地买。所以我整个大学生活都在努力奋斗中度过。

成功者要学会突破和寻找更多机会

我大学时期读的是旅游英语专业，那时除了上课，我基本在图书馆里度过，考了英语六级，也考了中文和英文导游证。

除此之外，我积极改变自己内向、自卑的性格。我鼓起非常大的勇气，报名参加了学校主持人竞选大赛，没想到居然通过了层层筛选，在圣诞节那天，主持了学校的嘉年华晚会。我发现，人一旦见过自己闪闪发光的样子以后，就不会允许自己还蒙着灰了。

于是，我开始积极参加学校的各种辩论赛、演讲赛，还记得第一次备战演讲比赛时，我都不敢开口，声音也很小。我同学拉着我，连续三天站在学校饭堂门口演讲，他说："有什么丢脸的，你想成功就要突破自己的舒适区。而且，你今天能站在这里，就比所有看你笑话的人强一百倍。"

就这样，我逐渐突破自己内心的卡点，我发现这些挑战其实并没有我想象中那么可怕。于是我更加积极参加各种比赛，去尝试做自己没做过的事。我享受在舞台上的感觉，也喜欢这种奋斗向上、不断突破自我的时刻。

因为我读的是旅游专业，又经常参加活动，所以在学校里认识了很多人。慢慢地，有很多人问我，班级春游秋游去哪里玩好，有没有建议？偶然之下，我也认识了广州一所知名旅行社的人，于是就转介绍。一来二去，我发现原来是可以通过自己的专业知识来变现的，于是就开始在学校跑业务，承接各大班级的春游、秋游、毕业游项目，甚至周边其他几所学校的学生，也闻名而来，因为知道我既专业又靠谱，还不会坑同学。所以大学的时候，我就开始做起了销售，除了第一年的学费是家里交的，其他学费和生活费都是自己挣的。

就这样，我硬生生地把自己从农村土妞变成了城市新青年，还没毕业就因为在学校的优秀履历被知名旅行社录取了，开始带团。

因为来自农村，我连飞机都没坐过，却要开始带团，我自己想想都觉得不可思议，但还是在自己的努力下，成了社里最受欢迎的导游。在我带团的这两年，我成长得特别快，游遍了中国的大好河山，也遇见了形形色色的人。

美中不足的是，因为这个行业，节假日都得在外面带团，作为潮汕人，我是没办法接受在佳节无法与家人相聚的。并且我也知道如果一直打工，就会停留在打工者阶层，**成功者要学会突破和寻找更多机会。**

于是，在我 24 岁的时候，我开启了人生第一个阶段的创业——开旅行社。小小的门店，两个员工，装着的却是我对未来的无限期待。

实际经营后，我才知道做旅游实在太操心了，虽然现实没给我以暴击，但也让我懂得，想通过实体赚大钱确实挺难的。项目成本高，毛利低，还很耗时间和精力，经常一个订单要跟几个月，我也经常做方案做到半夜。我总是担心突发意外，也怕客户不满意和投诉，我经常吃饭也不安心，睡觉也不踏实，有时还会面临同行抢客户的事情，这让我身心疲惫。

我想改变这种赚钱模式，于是开启了我创业的第二个阶段——做微商。我贷款 50 万元拿了某个健康品牌的一级代理，做减脂保养板块。

我在一年时间内做到终端销售 100 多万元，体验了一把小红利，也意识到原来**选对赛道，努力是可以事半功倍的！**

但因为是重资本、重服务、强专业，所以我基本上一天十几个小时都在看手机，需要时刻回复客户问题和接新的咨询。并且因为代理机制的问题，很多代理拿出 5 万元来跟我做这个项目，我要带着她们把货卖掉，并且要不断做心理辅导和专业知识培训。这个交付其实是非常重的，并且不是人人都可以卖出单价 3000 多元的产品，这对用户的筛选确实严格。不仅受众少，用户复购率低，还很难持续，代理们只能不断挖掘新客户。所以，做了两年多，我就遇到了瓶颈。

在这个时候，社群团购凭空而起。朋友圈开始有很多人分享"石上生活"，我观察了几个月，心想：团购能挣钱吗？一单赚 3 元、5 元？一个月最多赚 3000 元吧？

那个时候对于社群团购的裂变和复利还不太了解，但朋友主动和我说了石上的模式，并且是零成本、零风险、零囤货、高收益。这打破了我对石上的偏见。这不就是我一直想找的，低成本、零风险且高复购的创业项目吗？而且吃穿用度人人都有需求，受众群体非常广！

于是在 2021 年 11 月，我亲自去石上总部考察后，义无反顾地加入了石上，正式开启我创业的第三个阶段——做社交电商。

真正的零基础，保持空杯心态，从头开始

我本身就是一个非常喜欢分享的人，看到好看的电影我会分享，吃到好吃的食物我会分享，住到舒服的酒店我会分享，所以我发现社群团购简直太好做了！

这件事于我而言，非常简单，完全没有卡点。就是在石上买到喜欢的好物，用到好用的东西，吃到好吃的食品，然后在朋友圈和社群分享出去，就可以直接变现，太不可思议了。

并且很多人在知道我做社群团购后主动来问我，石上怎么做？要代理费吗？要压货吗？每当这个时候我都会骄傲地说："不需要一分钱，也不需要压货囤货。"相比我前一个项目，真的太幸福了，我也终于可以带领更多普通人创业，也不需要承担那么高的风险和压力了。

于是，我开始组建我的团队，有实体店老板、公司员工、全职宝妈、资深代购、旅游人等。我们都建立了自己的社群，一起学拍照、修图、拍视频、带货。

在石上，我也学到了特别多以前闻所未闻、见所未见的品牌，不再一问三不知。并且我与身边人的关系也越来越紧密了，朋友

买东西之前都会来问我：雪宁，这个东西怎么样？那个好不好？我应该怎么选？这个时候我都会觉得自己做的事特别有意义，真正帮朋友、帮客户精挑细选出他们需要的物品。筛选好物，且让他们用更低的成本买到同样高品质的东西。

不知不觉，我在石上已经两年多了，我自己的改变也非常大。从最初觉得销售是赚别人的钱，到现在认为销售是在帮助别人赚钱。分享石上，是为了帮大家节约时间，不踩坑，能够用低成本就过上高品质和令人怦然心动的生活。

而我的愿景，也从只有我自己变成引领更多的人。我希望能够带领更多的和我一样出身平凡、家境普通的人，零成本、零风险开始创业，让赚钱不再那么难、那么累、那么令人寝食难安。

我非常感恩遇见石上，让我在 28 岁实现了年入近 50 万元，这是我以前带团六年的总收入，并且时间非常自由。

这两年，我也带领了一批特别有正能量和努力的姑娘们，她们中有全职妈妈，因为在家带孩子无法上班、"手心向上"的状态让她们很痛苦，来到石上以后通过努力找回自己的价值，重新散发出光芒，带娃事业两不误；有普通上班族，八小时内求生存，八小时外求发展，月薪几千、过万只能满足生活所需，无法承担生活中更多的风险，通过做石上获得了管道收入；有传统实体店老板，做石上后与客户黏性更高，信任度更强了，让实体店生意锦上添花；也有和我一样的自由创业者，当事业遇到瓶颈，想寻求更大的突破时遇到了石上，挖掘出了自己的无限潜能。

今年，是我创业的第六个年头，我也 29 岁了。但我非常热爱这样热气腾腾的生活，享受这种忙碌带来的充实感。赚钱是落地的幸福，也是成年人最大的体面。

接下来，我会努力带领更多人，让他们目之所及都是怦然心动，让世上没有难创的业！

想都是问题，
做才是答案。

有西子

石上生活卓越店长
小红书生活美学博主
中国人民大学金融系本硕毕业生

创业，活出人间理想，过向往的生活

如果你身边有这样一位朋友，她是高考女状元，毕业于中国人民大学，金融本硕连读，做着高薪金融行业，管理上百亿理财资金。突然有一天，你发现她居然辞职不干了，放弃这么好的学历背景和工作，跑去线上创业，卖货、做团购，你会不会觉得她"脑子进水"了？

没错，这个"脑子进水"的人就是我。

但创业三年多时间，如今回看过往，我真的很感谢当初自己脑子里进的"水"。上善若水，原来这个"水"是智慧，也是财富。

曾经的我为了活在社会的主流，选择了活在自我的边缘。众人眼中看起来光鲜亮丽的我，背后更多的是自我的迷茫、痛苦和内耗。作为一颗螺丝钉，每天忙忙碌碌，自己却毫无价值感，更可怕的是，看似稳定的环境，却让自己越来越不值钱。

你听过"温水煮青蛙"的故事吗？把青蛙放在慢慢加热的温水里，由于感知不到逐渐加热的水温，它会舒适地在里面悠然畅游，直至被煮熟。28 岁之前，我就是这只被放在温水里的青蛙。

记得我刚入职的时候，工作非常努力，任何事情都想全力以赴做到最好，但一位老员工却对我说："别这么傻啦，工作差不多就行了，你这么拼，收入也不会增加多少，而且你这么努力，会把部门里的其他人也都搞得很辛苦。"我第一次知道，原来付出和收获不一定成正比。甚至在这样的环境中，我发现自己也逐渐成为曾经不屑一顾的"职场老油条"，得过且过，还年轻就在等着退休。

直到有一次，我发现隔壁部门有个女同事总是加班，我从别人口中得知，她的部门领导说，她年纪大了，家里还有孩子，能力也平平，没有什么市场竞争力，她肯定不会跳槽的，很多烦琐的工作就都给她干。听到这里，我只觉得当头一棒，心想：如果我一直这样下去，这位同事的今天，不就是我的明天吗？难道我的一生就要这样浑浑噩噩，没有价值地度过吗？

但是除了这个行业我又能干什么呢？那时候我真的不知道答案，很长时间都处在身心疲惫和焦虑中，身边的人都无法理解我，父母也和我说，工作就是这样的，总会有不开心的时候。为了缓解这份迷茫的痛苦，我打算走出去换个环境。2019年，我努力加班给自己攒了一个长假，去了新疆旅行。就是这一趟旅行，改变了我人生的轨迹。

在新疆，我看到了高山、湖泊、沙漠……世界原来那么辽阔，我紧闭的心一下子被打开了，灵魂第一次感受到了自由。旅行中，我认识了很多和我同龄却完全不一样的人。他们有的从来没有上过班，有的跨行业做了很多种工作。从他们身上，我看到了人生更多的可能性，自由、奔放、勇敢、洒脱，这正是我想要的样子啊！

在新疆回广州的飞机上，我做了一个疯狂的决定，我和先生说我想辞职，没想到他不仅一口答应，还说他也要辞职，在设计院工作的他压抑了多年，终于有了勇气决定离开。回到广州的第二天，我们就一起"裸辞"了，卖掉了市中心的房子，搬到郊区去住，开始了线上创业。

我的身边有无数反对的声音，但这一次，我决定听从自己的内心，她对我说："亲爱的，别害怕，**任何人的评判都决定不了你，你不需要再满足所有人的期待了，为自己活一次吧。**"

于是一点创业经验都没有的我，带着这份笃定，从零开始，学做自媒体，学商业。我坚持每天拍早餐照片，苦练摄影，慢慢地，我拍了上万张早餐照片，成了生活美学博主。我每天在朋友圈分享我的创业收获、生活感悟，吸引了很多和我一样爱美、爱自由的姑娘，同我一起创业。特别庆幸，在线上创业寻找好项目的过程中，我遇见了石上生活，这个把生活美学、教育赋能和商业完美结合的项目，让我真正拥有了自己想要的理想人生。

我在刚开始选择石上生活的时候，身边很多人是无法理解的，一个名校毕业的高才生，金融白领，居然辞职去线上卖货？**但所有的质疑，丝毫不影响我的选择。**毕竟任何生意，都会经历四个阶段：看不见，看不起，看不懂，来不及。我知道，在很多人看不见和看不起的背后，有我真正想要的幸福。

自由的底气

我拥有了最想要的自由的底气，我可以只要一部手机，说走就走，旅行中也能实现月入近 10 万元的收入，它远远超过我上班时的工资。我不再需要靠加班才能挤出那几天的假期，不用担心领导不批假，也不用挤在长假的人山人海中看风景。我可以去看烟花三月的扬州，可以去苏州旅居办公两个月，可以去西藏、去大西北、去大理……去任何一个我向往的诗和远方。

在热爱中赚钱

我是一个特别热爱美好生活的人。在石上生活，用低成本、高品质的好物，我可以把生活过好，同时记录生活，晒晒买家秀，分享"种草"还能赚钱。曾经在上班时，出去玩发朋友圈都要担心被领导看到，日常上班也不敢穿得太好看，怕领导觉得自己很闲，不用心工作。而在石上生活，我可以活出最美、最耀眼的自己，享受和热爱生活的每一分钟，都能为我的事业助力。

同频的创业闺密

都说人越长大越孤单，曾经我也这样觉得，身边懂自己的人很少，同事在一起聊天常常都是负能量，或抱怨老公，或抱怨婆婆，或抱怨老板。但是因为线上创业，我有了自己的团队"美学天团"，聚集了一群有相同的价值观和喜好的人在我身边，我们每天在一起，彼此滋养、鼓励，满满正能量，没有吐槽，只有讨论如何成长，让自己更好。

滋养的亲密关系

因为这份事业，我和我先生的亲密关系也越来越好了。因为看到了我事业的成果，以及我越来越好的状态，他选择全力支持我，经常做我的专职司机，开车带我往返广州到深圳石上总部，还承包了大部分的家务。

女性经济独立真的很重要，一个女人最大的底气，从来不是善良、美貌，而是赚钱的能力。它不一定是责任，但绝对是尊严。也正是因为有了经济上的底气，我们才会更有自信，在另一半的眼中永远光彩熠熠。

找到成就感、价值感

在石上，我找到了人生中最重要的价值感和成就感。好的商业从来不是收割，而是共赢。在石上生活，我创造了近1000万元的营业额，数字的背后，是我切切实实地把上万件好的产品，送进了千家万户，让更多消费者花更少的钱，买到更高品质的产品，提升幸福感。同时更是为数千人创造了就业的机会，帮助大家获得了可观的经济收入，改善了家庭生活，用线上创业抵抗失业的压力，让自己变得更有价值。

商业真的是最好的慈善，用微光点亮微光，用生命影响生命。在照亮他人的过程中，我更照亮了我自己。

回看我辞职创业的这三年，我真的无比感恩自己当年的选择。**真正地爱自己，就是勇敢为自己的生活做选择**。因为真正决定你的人生质量的，是你自己过得好不好，而不是别人眼里的好与不好。曾经质疑我的，嘲笑我的，现在也许都在羡慕我。但无论是质疑还是羡慕，都不影响我的人生。只有你自己，为你的人生负责，为你的选择负责，为你想要的幸福负责。

我身边很多朋友以为我辞职做线上创业，是默默准备了很久，其实真不是，我就是直接开始，先起飞，再加油。我曾经也有"好学生"心态，觉得必须准备好才能去做一件事。这样的心态在学生时期能帮助我们拿到很好的成绩，但是在社会上，在创业中，却往往会限制自己。

人生不是考试，没有标准答案，你永远做不到准备好。回顾线上创业的这几年，如今我能够拿到如此好的成绩，就是从抛弃好学生的心态开始的。

我"裸辞"开始做线上的时候，什么都不会。我开始做石上之前，也从来没做过社群团购，不知道在社群里说什么，更不知道怎么和人私聊，还记得第一次顾客来咨询，我打字都手抖，也经历过被拒绝后玻璃心碎了一地。但现在，我已经是千人团队长，已经创造了上千万元的业绩。

我一直告诉自己，不会就去学，跌倒了也别怕，这些都是宝贵的经验，人生不过是一场体验。我很喜欢一句话：**想都是问题，做才是答案。**在做一件事时，最难克服的，不是将会遇到的困难，而是想象中的困难。很多人就是这样的，想来想去，犹豫来犹豫去，觉得自己没有准备好，勇气没攒够，其实只要迈出去那一步，你就会发现一切早就准备好了。

所有的成果，都从立即行动中来。行动很重要，"立即"更重要。正所谓：天下武功，唯快不破。每个人想做一件事情，都是有热情期的，如果你没有快速让自己行动，并且达成目标，这件事情就做不成了。一鼓作气，再而衰，三而竭。所以每一次，当我想好了自己想要走的路，我就会立即出发。

请相信，每一次挑战，都是通往星辰的阶梯。创业的过程，就是我一次次走出舒适圈的过程。说实话，真的很不舒服。就像爬山，每一步都在克服地心引力，向上攀登的过程，既有肌肉酸痛的拉扯，又有对未知的恐惧。但攀到山顶那一刻，看到从未见过的风景，你会觉得一切都值得。

而且更重要的是，在攀登的过程中，你会发现自己变得越来越好了，你不再是那只温水里的青蛙，你有了更旺盛的生命力，你有了应对这个世界变化的勇气和能力，你终于活出了自己想成为的样子。

嗨，看到这里的有缘人，你好呀！真心祝福你，愿你能和我一样，活出人间理想，过向往的生活。

成年人顶级的快乐，
来自为梦想而努力奋斗！

周思丹（米米）

千亿集团公司高管
石上生活卓越店长
女性个人成长教练

职场女高管的双面人生

嗨，我是米米，是个湘妹子，现居广州，目前主业是一家千亿级投资集团高管，任职公司副总经理，副业是社群团购平台（石上生活）的头部联合创始人，万人团队长。每次介绍自己的副业，大家都会很好奇，一个职场女高管为啥会做副业呢？还选择了普遍被认为是资历不够、找不到好工作的宝妈才会做的社群团购？那不妨来听听我的故事。

舒适圈职场女性的瓶颈和焦虑

米米是我的小名，1984 年我出生于湖南省衡阳市一个多子女家庭，父母经商，忙于生计无暇顾及儿女，因此我基本是在放养状态下长大：6 岁前被寄养在姑妈家，小学阶段由奶奶抚养，初中便开始寄宿生活。因为缺乏教育，我儿时十分叛逆，走了不少弯路，也犯了不少错。好在从小爱看书，通过阅读他人的故事获得了自我成长的觉醒，高三开始发奋读书，幸运地考上了一所 211

重点大学，并度过了积极上进的大学时光。

2006 年大学毕业时，我拿着管理学和经济学双学士学位，顺利进入现在就职的集团公司工作，之后陆续考取了经济师、一级建造师、注册造价师等执业资格证书。因为职场环境比较和谐，职业发展还算顺利，也因为内心极度缺乏安全感，我虽蠢蠢欲动但从未跳过槽，在同一家公司一干就是十几年，从一名小预算员一步步做到了集团的成本管线总助。

前几年，我其实过得挺安逸的，就像普通的上班族一样，朝九晚五地上班，按部就班地成家。因为自己有一些投资眼光，除了工资以外还有多种收入来源，也吃到了房产投资方面的红利，30 岁前就有了广州市区两套房产，经济上比同龄人稍好一些。但是 30 岁以后的我，在职场上很快碰到了自己的天花板，专业技术路线的面太窄，也由于是女性，在一个男性主导的行业里很难再往上走。

我感受到了自己的瓶颈，知道自己需要学习，需要成长，需要突破，但我却苦于没有方向，迷茫而焦虑。因为工作上驾轻就熟，没有挑战也没有奋斗的动力，所以工作就将就着做，闲暇时追追剧，日复一日浪费着生命。

有这么一句话，叫作"人如果没有梦想，那跟咸鱼有什么差别"。那时的我就是一条咸鱼，因为我真的不知道所谓的梦想是什么。是钱吗？虽然我也想有钱，但是我却没有太大的赚钱的动力，我没有过高的物质欲望，更何况我被局限在一份死工资里，即使升职加薪又怎样？头顶上的那个天花板是自己可以想象得到的，所以我就成了一条躺在自以为是的舒适圈里的咸鱼。但毕竟我曾经也是一个上进青年，这条咸鱼内心是煎熬的，是焦虑的。

为母则刚，为孩子选择突破

2017 年年底，我儿子出生了，随着他一点点长大，我在追剧的时候，突然想到，自己现在的状态是否有能力教育好孩子？将来我的孩子会不会嫌弃我这么一个平凡普通、不思进取的妈妈？我开始寻思要改变了。因为孩子太小，要兼顾孩子，我还是没勇气跳槽，想着做个副业来激励自己也不错，之后也了解了好些项目，还做了所谓的副业调查。

2018 年 8 月，机缘巧合我做了一个进口护肤品的经销商，自此变成了"斜杠青年"。因为自己平时在朋友圈里积累的人脉，我这份副业得到了很多朋友的支持，副业第一年业绩就很好，拿到了突出贡献奖，实现平均月入 1 万多的成绩。但是由于没有线上营销经验，也没人教，全靠自己卖货，完全不会带团队，而且它是微商模式，下面的小伙伴囤了货卖不出去，我很快又遇到了瓶颈。

我很感恩自己的这个选择，因为这个副业带给我许多改变，我跳出了自己的舒适圈，开始忙碌起来，充实起来，也有了重新开始学习和提升自己的动力和方向。

2019 年，我开启了付费学习之路，通过行动派、剽悍读书营等连接到了很多优秀人士，听到了各行各业牛人的故事，被深深触动，我才发现原来生命有无限的可能性。于是我开始每天阅读，开始学习演讲，学习写作，学习形象管理，学习打造个人品牌，开始探索自己的梦想……

副业助力主业，开启人生第二春

1. 思维认知升级

在行动派的课堂上，我认识了钠钠，一个活出梦想、无比美好的女孩，年纪轻轻就实现了财富自由，有着普通人没有的大爱和担当。2020 年年底，我知道她准备创办一个赋能女性成长的平台，她说，要让女性在这里既可以学习又可以赚钱，**希望每一个普通女性都可以轻松创业，用零成本撬动一个没有天花板的收入，让天下没有难创的业。**

她说："我希望她，要么学到东西，要么赚到钱，我希望她睡个安稳的好觉，我希望她做个富有的人，我希望她过上怦然心动的生活，我希望给予她陪伴和热爱。"

是的，她的梦想点燃了我，我也想成为一个像她这样的人，想通过自己的改变去影响更多人，帮助更多人，在成就他人的同时成就自己！**我也想要带领一群同频的女性朋友一起终生学习与成长，一起赚取财富，一起拥有全方位富足的生活！**或许这就是我的使命。我发现当我有这种想法的时候，我的生命似乎变得更有意义了，我为自己赋能了！我不再把自己定义为一个普通人，一个普通宝妈，我相信自己也有无限潜力，能创造出更大的人生价值。

所以，我义无反顾地跟随钠钠开启了石上生活，后来创建了自己的团队，帮助无数普通女孩成长。在带领她们赚到钱的过程中，我感受到了自己的价值，也收到了无数的感恩和礼物，感受到了无比的幸福。**我真正意识到，成年人顶级的快乐，就来自为梦想而努力奋斗！**

2. 人生效率提升

开启石上生活以后，我一边上班一边带孩子，一边卖货一边带团队，还坚持每天读书和运动，抽空还去跑跑马拉松。不止一个人问，你是怎么做到的，可以兼顾自己的工作、学习、生活还有副业，你的时间究竟怎么分配的呢？

其实我自己从来没有做过关于时间的专属规划，对于我来说就是非常简单的，那就是我在八小时以外，在自己业余的时间里一直坚持去做自己喜欢的事情。我把我自己工作的时长放得更长了，不仅仅有工作的八个小时，还有我的碎片化时间，每天中午、晚上还有周末休息的时间。

比如说我会早起一个小时安排好一天的工作，做好社群运营；比如说上下班的路上，我会构思文案发朋友圈；比如说午休时间，我会带货或是去招商；比如说我跑步和护肤的时候都会听书或者听课；比如说我上厕所的时候都会发信息跟进客户反馈……我把所有的碎片化时间都利用起来了，所以在时间的长度上我会比一般人多很多。

我想大部分在时间管理上出现问题的人，一定是没有清晰的目标，所以做事情会比较混乱，总是拖延。有的人看着很忙，但始终出不了什么结果，在我看来有可能是他的目标管理出现了问题。所以如果我们目标清晰，把自己的"5＋2""白加黑"的碎片化时间都充分利用起来，一定会有好的结果。

工作之余陪伴孩子的时间，我会专注陪伴，虽然时间不多，但每一分钟都是全身心地和他在一起，让他感受到我的爱。很开心的是，儿子也把我当成了他的榜样，很骄傲地跟朋友们介绍我，还主动邀请我去他学校做家长大讲堂分享。

3. 学习成长跃迁

在职场那么多年，我算是一个努力的人，一开始前几年成长得还比较快，我会去学专业知识、去考证、去学习管理带团队，但后来慢慢就到了一个瓶颈期，自己都觉得我的工作不过是一天天在重复，能力提升得很慢。一方面是想要学习成长，却不知道要学什么，从哪里学；另一方面是无法学以致用，哪怕是去上MBA课程，也是学了白学，各种理论根本没法实践。

而石上生活这份副业，本质上就是个体轻创业，需要很强的自主能动性，做事的过程中我发现自己不会的东西很多，缺什么我就去找什么，也因为是实践中要用到，边学边用，所以学起来也很快。比如说发朋友圈要学拍图作图、学文案写作，组织沙龙活动需要学策划、主持、演讲，销售产品谈代理需要学习心理学以及人际沟通方法等，而我带团队就需要把自己学到的东西进行输出，这个输出过程更是二次学习的过程。所以我的写作、演讲、组织策划、商业思维、领导力等各方面能力都得到了大幅度提升。此外，在持续学习输入以及接触不同人的过程中，我的格局也变大了，遇到事情不会斤斤计较，而且会自我反思，不会把问题抛给外界，抛给别人。

大家可能都担心做副业会影响主业，但我用自己的亲身经历告诉你，**一份好的副业可以增长你的能力，同时会助力你的主业。**我就是这样，内心充实、不焦虑的时候，主业工作更有激情也更有效率，而且所有人都能看到你能力的提升和能量的绽放，所以在做石上生活这份副业的同时，我连续三年都被评为集团十大标兵或先进个人，两次升职加薪，而且岗位也从原来的专业技术岗调到了综合管理岗，分管公司的人事行政、财务、经营、期货等多个部门，实现了我原来根本想不到的职场跃迁。

随之而来的是，家庭收入大幅提升，我能为家人创造更好的生活条件，能给孩子最好的教育，能带全家人一年几次国内外旅行，能让自己拥有更多的选择权，真正实现了内外都富足圆满的人生。

所以，我会对每一个职场中遇到瓶颈或是不如意的女性朋友说，**开启副业吧，一份好副业真的能让你开启人生第二春！**

一个人内心要有所支撑，
才算真的安稳。

卓小卓

石上生活卓越店长
8 年媒体人

做自己，才会让自己
获得真正的快乐且散发光芒

提到石上女孩一起出书时，我脑海里就浮现出了这两年多在石上的经历，真的感慨万千。

我特别感恩石上。来石上前，我一直在寻找一个契机，一个突破口，寻找一个可以将自己所学的所有东西运用和验证的试炼场，没想到这些都在石上找到了。

为什么这么讲呢？

把时间轴拉回到几年前，那时候的我刚好处在 30 岁的关口，特别焦虑。好像大家都会在这个阶段迷茫焦虑，小时候都会想象自己 30 岁、40 岁时的状态，然后对自己的未来有所期待。为什么是 30 岁、40 岁呢？因为年轻一点时，比如 20 岁时，大家都在读书，没啥太大的差别，无非上的学校好一点或差一点而已；而 50 岁、60 岁时，人生的很多事情已经定性，没有太大想象空间；而 30 岁、40 岁时，正是每个人事业成长最重要的时期，彼此的差距会越拉越大，所以人们通常会以这个时候的成绩来衡量一个人的成功。而 30 岁的我，在别人眼中是个人生赢家。

顺风顺水的人生赢家

我出生在一个"十八线"小县城，家里算不上大富大贵，但是也没有物质上的困扰，父母相亲相爱，也给了我十足的庇护。父母对我的要求很低，有个幸福且如意的家庭，有个体面且稳定的工作。我也一路顺风顺水，出国读书，顺利地拿到硕士研究生文凭，回国后入职了一家国内知名主流媒体。该结婚的时候结婚，该生娃的时候生娃，女儿乖巧懂事，老公体贴顾家，公婆视我如己出，没有任何婆媳烦恼，在一线城市深圳定居，有车有房，有积蓄有资产。生活惬意，朋友成群，外人看来这就是一个普通女人最好的归宿，身边好友对我很羡慕，父母也对我很满意。

我抑郁了

然而，光鲜靓丽的背后，是越来越不快乐的我！我跟朋友吐槽，她们完全不能理解，"你就知足吧""你有什么资格抱怨？看看我们""好好'躺平'得了，我要是你，不会有任何烦恼""你也太爱折腾了吧"。我所有的抱怨在朋友和家人眼里都是无病呻吟，身在福中不知福。渐渐地，我不说了，只是在深夜里反复失眠，那种不知道为什么而活，不知道自己真正喜欢的是什么，找不到自我价值的痛苦像根刺一般扎在我胸口反复折磨我，我觉得自己的努力配不上自己的幸运，这种不配得感让我备受煎熬。我还是平静地上下班，陪娃陪家人，活得像一个假面人，面笑心不笑，内心的痛苦日渐堆积，随时等待着爆发。

跳出枷锁，勇敢绽放

为了跳出枷锁，我开始寻找出口，开启了无止境的付费学习。我学习心理学，学习身心灵，学习亲密关系，学习商业思维、社群运营，学习提升主业相关技能等各种道与术的课程……沉浸在知识付费的海洋里，我自我感觉好得不得了，感觉自己马上要"开挂"了，什么都想尝试。在不断执行的过程中，我也逐渐收获了成果，主业升职加薪，副业也遍地开花，正向反馈不断。

然而，我竟没有察觉到，一股傲慢和崩溃正向我袭来……

黄粱一梦，身体报警

就在我洋洋得意时，老天爷给我送了份"大礼"。我因子宫大出血一天之内连续休克两次，当家人把我送到医院时，医生说："你再晚来半小时就没命了，肚子里有一升的血！"经历了四个多小时手术，醒来后的我看着眼前白茫茫的一切，又陷入了迷茫。住院期间，我开始反思：拿身体做代价真的值得吗？

待我恢复后，家人也委婉地表达了不满："这段时间你天天加班，还有对家人的关心和在乎吗？""你天天跑出去学这学那，回来教育这个教育那个，这是你学习的意义吗？我们宁愿你什么都别学！"学校老师也向我反映："你女儿最近好像不太合群，很少说话，要关注一下她的状态。"想想那段时间因为事情太多太杂，对女儿的态度也格外暴躁。与死神擦肩而过的我意识到问题的严重性，开始陷入自我怀疑，追求成长、想要赚钱真的错了吗？并重新思考我到底想要的是什么。

断舍离，重新出发

我断掉所有副业，重新回归之前平静的生活。然而 2020 年，受大环境影响，我身边很多家庭的经济也受到影响，虽然我的家人还算幸运，损失不大，但我内心又开始波动，我在思考，如果有一天这些保护我的家人们受到重创，我有能力支撑起整个家吗？我有能力维系整个家庭的生活品质吗？我父母一直为两边家庭付出很多，如果有一天他们渐渐老去，我能承接住这份责任吗？答案是否定的，焦虑感再一次扑面而来。

不服输的我，决定重新突破自己，这次我想得很清晰，一定要在兼顾家庭，有充分时间陪伴女儿的前提下进行。我重新梳理完自己的价值观排序和能力模型后，在家人集体反对下，我果断舍弃了正在职场上升期的主业工作，去找让自己心生向往的学习标杆和生活状态。

自由绽放，拥抱丰盛

就在这时，我遇见了石上生活和创始人钠钠，这个女孩活出了我理想中的状态，而石上零投资、零成本、零风险的创业方式，以及结合生活美学和教育供应链的模式，满足了我对一个项目所有的期待，且契合了我的需求和喜好。

在离职的第二个月，我迅速组建好团队，开始了石上的创业生涯。两年多的时间，我实现了月收入超 10 万元，年营收也做到了 1000 多万，团队人数突破 1 万人，也带领了无数像我这样的宝妈收获了家庭和财富的双丰收，实现了边带娃边轻松赚钱。

因为主要是线上经营，我有足够的时间陪伴家庭，接送女儿，为她讲故事，陪她练琴、跳舞、玩耍，女儿重新变得自信开朗了起来，我也顺利生下二胎，家庭关系也恢复到以前的温馨融洽。他们看到越来越快乐自洽的我，也理解了我一路走来所做的选择。

最后想说的话

其实在我提出离职时，曾遭到家人的强烈反对，尤其是我爸。为了让爸爸更理解我在做什么，我特地邀请他进群，一周后，他跟我说："我觉得你做的东西太低级了，像卖老鼠药的，你在这里赚到 100 万还不如你在以前的公司赚 10 万。"爸爸是我最崇拜且敬仰的人，当他说出这句话时，说不难受是假的，但是我坚定地告诉自己，我要告别以前的生活，做自己真正想做的。虽然他并不认同，但这一路他都在默默观察我，和我保持沟通。

今年夏天，我在参加石上的"创业领袖奖"加冕仪式时，他突然发来消息说："女儿，为你骄傲，你终于靠自己的努力过上了自己想要的生活，保持学习和实践，你会过得更好！"那一刻我潸然泪下，我终于等到了这份理解。我知道，他的担心是出于对我的爱，他担心我没有稳定的工作，担心我没有约束会颓废，担心我不会做家务，生活会过得一团糟，而我用事实证明了我不仅没有过得不好，反而赚钱速度和成长速度都呈指数级增长。

因为自己淋过雨，也想替别人撑伞。我很想跟同我有类似经历的小伙伴说，**船在港湾里很安全，但这不是造船的目的，历经风暴才有找到新大陆的转机。保持持续成长的习惯，保持对这个世界的探索欲和冒险精神，才能够感受到自己在真真切切地活着，这也是我想要追求的生活和生命力。**

在我们成长的过程中，社会环境和集体的限制性信念会对我们形成很多束缚和捆绑，但**我们要明白自己内在隐藏的很多真实的想法和情绪，突破"对与错""应该与不应该""高级与低级"等限制，将我们真正的天赋与激情释放出来。做自己，才会让自己获得真正的快乐且散发光芒。**希望看到这本书的所有女孩，都能够接收到这份能量，我们都是你们可以参考的样本。钠钠曾经活出了我想成为的样子，也希望我的经历能够给你信心，你也可以成为任何你想要成为的样子。

两年多的磨砺，我没有对这份事业厌烦，反而对创始人和公司产生了更多的敬佩，更理解了钠钠的愿景和初心，"帮助1000万女性每个月多赚2000元"，我很荣幸成为助力者之一。

最后，想把报纸上刊登的一段话送给大家："如果有一天，离开体制，抛开平台，自己还能剩下多少价值。这或许是每个年轻人都应该思考的问题。所谓的岁月静好，不是保持不动弹的姿态，而是在折腾的时光中，还能有人陪伴。为生活中所有美好的小事干杯，也对美好的背后居安思危，考上公务员不是终点，结婚生子，也不是尘埃落定。一个人内心要有所支撑，才算真的安稳。"

愿你找到自己的力量与支撑，成为更好的自己，这才是解决一切问题的关键。

不开始，你永远不知道
明天会有怎样的惊喜。

甘雯

石上生活卓越店长

唯有热爱，可抵万难

大家好，我是墨伊妈咪，本名甘雯，大家都叫我雯雯。

我今年 39 岁，是两个孩子的妈妈，女儿 10 岁，儿子 5 岁，目前居住在深圳，当全职妈妈十年了。我在 2013 年 9 月，也就是怀女儿 7 个月的时候，就选择了辞职回家待产。

当时我在深圳南山的一家服装公司客服部工作，拿着每月 5000 元的工资，工作很轻松，但时间不自由。那时美其名曰是想要享受最后的孕期时光，但是现在想想其实就是一时冲动的决定。

我这个人天性爱好自由，想到了就会去做，不会顾及太多的后果。那时也没想过社保断交和产后带薪假的事，冲动之下就辞职了。因为我是一个比较乐观的人，不会把一件事情想得太糟糕。

但现实犹如当头一棒，生过孩子的妈妈们一定都深有同感。我在孕后期和整个刚生产完的时间里，迷茫过、失望过、抑郁过。特别是孩子出生后，体重暴增 40 斤，整个人可以用虎背熊腰来形容。自己状态差，所以面对孩子的不定时哭闹、尿床和其他各种意想不到的状况，我崩溃了。我的情绪变得非常不稳定，那时候和老公的感情也不好，动不动就甩脸色，现在回想起来，那时候的自己简直就是一个怨妇。

在宝宝大概 10 个月时，我的状态慢慢好了一点，我开始意识到完全在家带孩子，不能实现我的价值。我可以带孩子一阵子，但是绝对不能输了一辈子。虽然那时候我的婆婆、老公都对我特别好，但我依然认为只有自己有收入，说话做事才会更有底气，更有安全感。

于是在朋友的推动下我开始做起了香港代购。因为那时候住在深圳南山深圳湾口岸附近，离香港很近，我本身每周就要去一次香港给宝宝买奶粉、纸尿裤和辅食，所以就这样顺势在朋友圈营业了。

我记得那时候我的朋友圈只有 300 多人，第一次接单是几十瓶的跌打药，我一个人背着几十瓶的跌打药回到深圳，还要扛回当时还是住楼梯房五楼的家，现在想想真的非常重，但那时就是有无穷的力量。虽然那时候我做代购赚得并不多，除去孩子的奶粉、纸尿裤的花费，每个月也就余三四千元。但做代购除了补充了我的经济花费外，还让我收获了更多，我的体重也由之前的 120 斤降到了 85 斤，整个人状态也变得非常好。

后面的几年，我一边带娃一边继续做着我的副业。代购因为政策原因做不下去之后，我又开始卖起了水果。因为我老家盛产赣南脐橙，我就开始在朋友圈卖脐橙。卖水果是季节性销售，我每年都要带着孩子回老家，在山上风吹雨淋几个月，一年也能赚个二三十万。但是随着各大电商的崛起，我的收入也大幅度降低，只有之前的二分之一或三分之一。

认知决定结果，我并没有意识到时代正在悄然改变。明明危机四伏，我却并不自知。我依然在朋友圈尽情展现喜怒哀乐，分享我的生活、我的旅行、孩子的成长。我现在的很多老顾客可以说是看着我的孩子长大的，虽然很多都没有见过面，但这种相互陪伴的感觉也很美好。

经常有人对我说："你的朋友圈好正能量，我好喜欢看，每次情绪不好或者很沮丧的时候去看一下你的朋友圈，我就感觉自己又被注满了能量。"所以发朋友圈这件事，是我这十年来坚持得最好的事情。**唯有热爱才能坚持。**

2020年，我生完二宝，问题再次爆发。其实一切的根源就是经济，花钱的人多了，赚钱的人少了。

说到这里，我要感谢身边一直催着我成长的家人，因为我的妹妹，我开始做起了第一个微商项目，是一个内衣品牌，我投资了6万元，虽然现在还有一些货没有卖完，但我也感谢这份副业让我开启了商业思维，也因为有了这一次的微商经历让我可以连接到石上生活。

遇见石上是因为我做的一个项目的经销商。而认识石上，是因为石上的产品。我自己很喜欢石上生活的一款产品，在我第二次购买的时候我发了一条朋友圈，结果当天就卖了 5 个。收到的朋友都向我反馈说太好了，以后有什么好东西还要记得分享。于是我决定给自己一个机会来了解一下石上生活。

于是，接下来，那年的 5 月 19 日，我见了我当时的老大，聊了一下午，聊完就给自己定了一个目标，建社群，开干。我是一个一旦决定要做则心无旁骛、执行力很强的人，于是我在 5 月 20 日建立社群发布官宣；6 月 3 日，升级为正式优创；6 月 18 日，升级为准联创；11 月 1 日，升级为正式联创。

我不断地发朋友圈记录自己的成长；我的收入每个月也在不断地增长，突破 8 万元；我持续搭建管道，真正实现了"睡后"收入，管道收入。

其实做副业，最重要的是不断学习，让自己的闲暇时间更有价值。如果你每天除了带娃就是玩手机、刷视频，不断地内耗自己，那再过五年、十年你还是这个状态。与其虚度时光，不如用这段时间做点自己的小事业。

人生最可怕的不是眼下的困难，而是一边抱怨生活，一边拒绝改变。

根据我的经验，我想分享几点心得：

1. 找到自己认可并喜欢的事，拒绝自我限制，相信自己的选择

石上完全满足了我对副业的想象，零投资、零囤货、零压货，售后有专属客服，还有女性成长板块和直播短视频板块，这些都是我热爱并向往的。我只需要每天分享我所热爱的，所以哪怕我一天到晚地泡在社群，我都不觉得累，因为我找到了自己喜欢的方向。

把你的喜欢、你的热爱分享给你身边的人，你以为其中就没有被拒绝吗？那你就错了，只是拒绝我的我都忘记了。**成长路上不好的事情我都不记得，只记得所有的美好**。这是我的一个特性，相信一切美好。

所以我们要相信石上生活是一份很好的事业，不论是平台调性、圈层，还是审美、选品等，都是优于其他平台的，我们是在提供一个很好的创业机会，所以大大方方地去和别人介绍就好。

2. 一旦定下目标，就全力以赴拿到成果

我最早定的目标是把自己买东西花的钱赚回来，但其实事实证明我第三个月就月入过万了。

很多人喜欢用惯有的思维做事，做到哪儿算哪儿，其实**我们需要把以终为始这样的一种反向思维来作为目标导向，明确终点之后，才会知道自己要去哪里，才会知道做事情的出发点和落脚点在哪里。**

优创目标完成，接下来就是联创目标，我疯狂地在我的社群带货，真的是一天二十四个小时最少有十五个小时是"泡"在群里的。**内心的潜能被激发出来之后，你的状态也会影响到身边人。**

当时我的初创姐妹也是跟着我一起在冲，我冲联创，她们就冲优创，每个人都朝着自己的目标努力着，那段时间的势能真的太强了，每个人都激发了内心的小宇宙。事实证明，相信的力量太强大了。

期间会遇到的各种成长撕裂性疼痛都会在你拿到成果之后变成过眼云烟，因为只有足够疼痛才能使我们触底反弹。其实就是常说的"做事不给自己留后路"，方法就是在朋友圈写出你的目标，"昭告天下"，不完成都对不起自己，也可以做践行清单，每天完成了几项一目了然。

3. 抓住一切可以利用的时间

作为妈妈，自由支配的时间真的很少，特别是没人帮忙带娃的全职妈妈，所以要想做好副业，需要合理地安排自己的时间，哪怕每天挤出一个小时，有规划地去做，一点点地积累。

4. 摆正心态，副业是提升自己的计划，不能着急赚钱

对于很多普通宝妈来说，资源不多，时间少，所以刚开始要摆正心态，来石上是学习提升为主，不要一开始就想着要赚很多钱，我们需要提升我们的持续学习力。

在石上，所有的培训基本是免费的，石上会教我们如何发朋友圈，如何运营、维护社群，包括作图、做视频，各种渠道引流，都是可以在石上免费学会的。

摆正心态，跟着公司团队学习积累一年，总结出适合自己的方法和方式，满意的收入和带团队的能力自然会培养起来。但如果没有开始，就依然什么都不懂。

5. 大胆地去连接，你永远不知道明天会有怎样的惊喜

所有的伟大和成功都源于一个微小的开始，没有谁一开始就很厉害，只有开始了才会变得厉害。

我们只要在一起
就了不起！

王育娥

石上生活卓越店长
闪闪发光的"搞钱"女孩
广州十四马贸易有限公司总经理

每一个女性的人生都可以更精彩

我叫王育娥，是一个"80后"连续创业者。

我很幸运，因为在每个时期都有属于自己的标签。

小时候我被大家称为老实巴交的孩子，我总是遵守规则，对人友善，小心翼翼，甚至有点儿胆小，平时说话别人都听不到，但是我有一个特点，那就是拥有天使般的笑容；上学的时候，我又获得了一个新的标签，那就是努力学习上进的孩子；刚工作时，我又成了一个人见人爱、车见车载的女孩；而现在，我被称为"搞钱"女性。作为一名连续创业者，我不断寻找机会，努力学习，在实现财务、时间、空间自由的路上奋进。

总的来说，这些标签都是我成长过程中的一部分，它们代表着我在不同阶段的特点和价值观，也塑造了我成为一个积极向上、勇于创新的个体。

在我考大学时，父母多方找人打听，寻求建议后，给我选择了大部分女生都会选的涉外会计专业，我也如愿地考上了大学。然而在校学习的半年里，我深刻认识到我并不太适合这个专业，于是我把自己的名字提交到换专业的名单里。巧合的是，在第二个学期开学的时候，我们换了新的语文老师，他要求我们在开学第一天的上午四节课都用来写文章，表达对生活的感悟。我心生一计，决定去一个革制品设计与制造专业的教室假装上半天课，然后再回到自己的班级继续学习。我去的这个专业可谓是"人丁稀少"，很少有人会选择它。

然而经此一事，我感觉自己回不到以前的专业了，于是我找教导处、找校领导，终于在一番波折下转了专业。在我办好手续后，我便安下心来学习，主修了鞋类设计与制作专业，并选修了包包设计。

三年半的学习过去了，我证明了自己当初的选择是多么正确，这个专业是多么适合我。通过学习和实践，我发现自己在鞋类和包包设计方面有着一定的见解和创造力。毕业后，我作为一名当时稀缺的人才，顺利地进入深圳一家鞋企——珍兴集团。从最初的美工岗位开始，我逐渐晋升为设计师，并最终成为开发部核心开发创造者。

当时，我哥哥在一所高校任教，他认为女孩子从事与鞋子相关的工作并不是一个理想的职业选择。因此，他建议我报考了该校当时非常热门的计算机科学与技术专业。经过四年的学习，我发现我在计算机技术上并没有什么造诣，于是毕业后我决定继续在原来的专业领域里深耕。

我的审美和兴趣优势逐渐升华，这使我在公司中得到了更多的认可和发展机会。首先，我被公司安排到江苏省昆山市的新厂区担任要职，后又被领导推荐到上海松江森达集团的永旭鞋业担任外贸部业务员，这个职位给了我更多的机会与国际客户进行交流。随着时间的推移，我又被推荐到北京雅宝路从事中俄鞋类贸易工作。

总的来说，从深圳到昆山，再到上海松江，然后到北京雅宝路，我的职业发展经历了一次又一次的飞跃，我的专业能力也得到了极大的提升。在这期间，我通过技术结合与人交流协作，平衡多元化产品、多生产端产出，并走出国门，收集时尚信息和元素，紧跟国际潮流，用脚一步一步丈量了欧洲、亚洲多个国家的大街小巷，为公司和供应链创造了不错的业绩，也提升了自己的专业能力和素质，为自己的个人创业奠定了坚实的基础。

八年的时间，我持续不断地在半个地球上奔波着，匆匆欣赏了许多美景和建筑，经历了很多有趣的事，遇到了各种各样的人，也解决过很多紧急的情况。

记忆犹新的几件事总会浮现在脑海里，让我回想起那些令人难忘的经历：冬天遇到威尼斯百年不遇的水灾，肩上扛着沉重的行李箱在及膝深的冰冷的水里艰难行走，那种冷和无助至今仍然清晰地留在我的记忆中；有一次，我和几个朋友同行十几天，没赶上第一班火车，差点误了国际班；在敖德萨不懂当地人的习俗，结果被当地人驱赶出市场；在莫斯科不小心撞到了鼻子直接进医院；在伊斯坦布尔逛街，结果迷路找不到酒店；从巴黎到莫斯科办登机牌才知道俄罗斯的签证已经过期；等等。所有的阅历都一点一点累积成了我的能力和智慧。

随着时间的沉淀，自己逐渐在这个领域中取得了一些成果，我逐渐建立起了自己的专业声誉和人脉网络，为自己的职业打下了坚实的基础。

每一个行业都有自己的生命周期，2008 年的经济危机对全球贸易经济造成了巨大的影响，然而我们不动摇、不恐惧，非常顺利地度过了这个时期，并通过自己的专业知识和努力创造了前所未有的业绩，为公司和供应端带来了非常可观的利润。

2014 年，货币贬值成了一个新的挑战，所有人在等待汇率回升，然而就在此时，我所在的公司的贸易订单急剧下滑，公司面临着严峻的挑战。而此时，一心想在北京定居的我，在广州遇到了另一半，最后我选择定居广州，并开始创业。

我又回到开发、生产的工作，我开始经营工厂，经营品牌梦想，慢慢做到在行业内也有了一定的声誉。然而，我并不是一个安于现状的人，我总觉得我更适合从事销售工作。2015 年，从一个偶然的突发奇想，我开始思考一个问题：**我们女性上班族一天正常要走多少路呢?**

为了得到答案，我开始模拟各种场景，经过一段时间的测试得出了一个数据：女性上班族一天平均需要走 3.3 千米的路程，这个数据也激发了我进一步思考。对于许多女性来说，长期穿着重心不稳的高跟鞋，很伤体形和关节，因此，我决定要为上班族女性提供一种解决方案，开发一种新的产品：一天行走 3.3 千米无压力的高跟鞋。

我再一次从开发、生产转向市场销售，我开了第一家实体店，并逐渐从销售过渡到为每一个女性提供优质的服务，很快受到更多女性的青睐。接着，我继续扩大店铺规模，增加批发档口，开发新的销售渠道。

我常常用"长在脚上的鞋"来形容一双好鞋，这是因为我希望我设计的鞋子能够完美贴合每位女性的脚部曲线，给予她们舒适和自信的感觉。

2020 年，全球面对巨大的危机，在每一个人都在为生活而奋斗、为健康而担忧的时候，我却有幸接触了一个名为"石上生活"的企业。这个企业的创始人钠钠，她的使命和理念深深地打动了我。

钠钠创办石上的初衷，是为了让每一个女性每个月都能多出2000 元的收入。她认为，**女性应该有更多的时间和金钱去追求自己的梦想，过上更高品质的生活。**为了实现这个目标，她于 2021年创立了石上，一个让女性以低成本过上高品质生活的服务类的企业。

石上的出现，让我看到了一个企业的社会责任和使命。它不仅仅是为了追求利润，更是为了改善人们的生活，让每一个人都能享受到高品质的生活。这种理念，让我深深地感动。公司创始人的发心，决定了一个公司的走向。钠钠的坚持和努力，让我看到了一个企业创始人的力量，也让我看到了一群人的力量。我感到非常幸运，能够遇见石上，遇见钠钠。

在 2021 年的 6 月，我有幸加入了石上生活这个大家庭，开始了我的第二事业。从那一刻起，我就与石上生活紧密相连，共同度过了两年半的时光。这两年半的时间，对我来说，不仅是职业生涯的飞跃，更是我个人成长的重要阶段。这两年半的时间里，我不仅学会了销售技巧和策略，还学会了如何与人沟通，如何理解客户的需求，如何为客户提供最优质的服务，如何把经营产品品牌转向经营个人品牌。除此之外，我提升了美学、情商、财商，还增强了体魄！这些都是我在石上生活中得到的宝贵财富。

石上生活的大集体充满了激情和热情，每个人都在为了共同的目标而努力。我们互相帮助，互相学习，共同进步。这种互助的氛围，让石上生活的每一个人都感到温暖和无比地有力量，也让我更加坚定地走在前行的道路上。

回首过去，小时候那个拥有天使般笑容、老实巴交、不敢大声说话的孩子，如今已经成了一个自信、闪闪发光的女性，这一切的改变，都源于我始终坚持着自己的信念，始终保持着一颗善良、勇于探索的心。从一个山头翻越到另一个山头，我看到的是不同的风景，体验的是向往的生活。每一天都充满了挑战和机遇，每一天我都在不断地学习和成长。**我的人生很精彩，我们每一个**

女性的人生都可以更精彩！

无论身处何地，无论时光如何流转，我们都是璀璨夺目的女孩，散发着自信和魅力。我们只要在一起就了不起！

给人一笔钱，是小德；
打破人思维的墙，是中德；
带人真正用商业改变生活
和命运，是大德。

媛媛 Sonia

石上生活卓越店长
中医药大学在读博士
省级三甲医院十余年临床工作者

拨开云雾，方见辽阔人生

人们往往会因为某些特别的际遇，

去接触一些意外的，不在预定轨迹中的事情，

并因它们改变接下来的人生。

"中医药大学在读博士""省级三甲医院十余年临床工作经验""国家公派留学比利时访问学者"，听到这三个标签，你是不是感觉像是从严肃论文上搬下来的？而我前三十五年的人生实际也是如此波澜不惊，按部就班地在自己出生的城市里读书、上大学，毕业后很顺利地入职了我们省内排名头部的三甲医院，开始了两点一线、三班倒的生活，这一干就是十余年。

因为经常参加单位的一些演讲、跳舞等综艺活动，我在单位里也算小有名气。同时业务能力也不错，也很受领导器重，我还得到了去管理层岗位轮转的机会。我自己又很争气地拿到了国家留学基金委的全额奖学金，以访问学者身份去国外交流学习了一年有余，回国后理所当然地成为医院后备人才库成员。身边人都

认为接下来在医院我会大有前途，我自己也是如此认为的，然而命运却跟我开了个玩笑。

某个早晨醒来，我突然发现自己的手指会有短暂地一两分钟的时间变得僵硬，无法弯曲，医学背景让我警觉起来，我去查了查资料，带着忐忑的心来医院挂号问诊。果不其然，医院给出的诊断是类风湿关节炎早期，虽然已提前查过资料有心理准备了，但当结果摆在面前时，和所有患者一样，我也是不愿意相信的。我当即决定去北京协和医院复诊，期盼会有不一样的结果。可到了北京竟然挂不上号，黄牛号也要等一周，自己是医务工作者，生病了都看不上病，当时真的是悲愤交加……几经周折终于看上后，北京协和医院给的结果和治疗措施和我们医院是一样的，我再不愿意相信也要接受现实。

开始一段时间，我的情绪十分低落，但也许骨子里不愿向命运屈服吧，我开始在网上查找各种偏方。一次偶然的机会，我在网上搜索到台湾一位同患此病的钢琴家，她通过朋友介绍，用精油很好地控制住了自己的病情。这使我这个之前连香水都不用的女人开始对精油产生了浓厚的兴趣，从此我的人生开始了迥然不同的走向。

越学习了解精油，我越发现这是一个广袤无垠的世界，我在里面如饥似渴地探索、求知，花了很多积蓄上了当时市面上所有的芳疗大师班。在机缘巧合下，我成为芳香疗法专家金韵蓉老师的入室弟子，并获得 IFA 国际注册芳疗师认证，之后又成了法系芳疗鼻祖皮埃尔·法兰贡的弟子，并前往美国西雅图巴斯蒂尔大学进一步研习芳疗，并学有所成。

在不断学习的过程中，我通过使用精油不仅让自己的身心都得到了极大改善，身边也开始有越来越多的朋友受益，经过几番内心的挣扎和思考，我最终选择了辞职创业。

我对自己说：**类风湿关节炎是"不死的癌症"，那如果是真正的癌症呢？那我重新活过来的每一天不都是赚来的吗？赚来的如此宝贵的每一天我想要让更有意义和更有价值的人生！**所以我创业的初心很简单也很纯粹，就是想把我自己受益的疗愈方法——芳香疗法，传播给更多的人，让更多人能够因此受益，免受疾病的痛苦。

现在回头来看，我当时创业的初心是美好的，但是选择辞职创业的决定是极冒险的，因为我们家完全没有商业背景，家里也没有雄厚的资金支持我，我就这样丢弃了很多人眼中的医院编制内的金饭碗。

但热爱可抵万难，因为自己亲身受益，对芳疗是刻在骨子里的热爱，所以完全没有商业经验的我就凭着一腔热爱，从办一场场芳疗沙龙开始了我的芳疗传播创业之路。

刚开始时，我以几乎每周两场沙龙的频率扎扎实实地办了三年沙龙，从开始来参加沙龙的人数寥寥无几，到在业界小有名气，再到后来我不再需要自己主办，团队伙伴和各大公司如中国移动、中国邮政、梵克雅宝等品牌方开始邀请我去讲课、做沙龙，我还先后被一家纸媒、两家电台和一家网络平台专访过，我的创业之路逐步走上正轨。

这个过程说不艰辛是假的，因为初期就是我一个人干了所有的活，但因为真的热爱，我从来不觉得苦，反而甘之如饴。我很感谢曾经艰苦枯燥的医学科研经历培养了我坚韧的品格，让我在创业中无论遇到什么问题都没有轻易选择放弃，而是越挫越勇。

人生的每个阶段都有不同的使命和意义，

当你准备好了，

指引你的人、事、物就会纷至沓来。

我虽然在自己的医学专业领域读到了博士，但是在商业领域我实际是从"小白"开始起步的。创业的前三年，我大部分上的也都是专业知识类的芳疗课程，我真正的商业思维实际是从创业第四年才开始逐步培养起来的。

当从一个人单打独斗变成带团队，我逐步意识到创业仅仅有过硬的专业知识是不够的，创业对一个人的综合能力要求很高，尤其是商业认知和商业思维。

在创业初期阶段，我凭着自己的专业和刻苦努力让自己在创业这条路上活了下来，但是想要继续活下去，并且想要拿到更好、更大的成果，我需要开始新一阶段的自我迭代。于是我开始转向商业领域的学习，也因此在一个线上的创业课中认识了之后对我创业之路带来巨大影响的人——钠钠。

从钠钠身上，我看到了一个和我迥然不同的创业者的状态和成长路径。作为一个"90后"小姑娘，钠钠白手起家，从湖南来到深圳打天下，仅用八年时间就取得了非常不错的创业成果，让我很是钦佩，我就一直关注她。

在此期间因为我自己不断提升的商业认知和思维，加上带团队的经历，我开始觉得仅仅用精油帮助大家拥有好的身体和稳定的情绪，其实并不能真正帮助一个人更好地过一生。我们的一生实际都在为思维和认知买单，有句话让我印象深刻：**给人一笔钱，是小德；打破人思维的墙，是中德；带人真正用商业改变生活和命运，是大德。**我开始希望不仅用精油帮助大家收获身体和心灵层面的改善，更希望能通过创业实修帮助更多的人收获丰盛、富裕、美好的人生。但是精油的创业项目对专业要求较高、适合的人群有限，所以我就在关注和考察其他能让更多人参与的项目。这时候，钠钠的石上生活起盘了。

钠钠说她想要做一个创业项目，不需要大家投钱，却可以帮大家赚到钱，至于赚多赚少看个人努力，同时在这个项目中会有一系列的教育赋能去帮助创业"小白"成长。我一听，这不就是我想做的事吗？所以我第一时间就申请加入了项目内测群，一直陪跑石上从零开始直到现在。石上生活马上3岁了，我也成了石上生活的头部联创。

从芳疗赛道转型嫁接社群电商，一切又是从零开始，从不会社群运营带货到现在的驾轻就熟；从不会做私域、拍照、写文案到现在的信手拈来；从不会录视频、做直播，到日常录视频、做直播成为工作习惯；从办一场场芳疗沙龙，转变为办百场千场的创业沙龙；从自己一个人分享，到带团队一群人经营，影响改变了上千家庭的购物习惯……

在石上的创业成长速度可谓一年抵三年，石上创业两年多的时间，我有了巨大的提升。石上给我们提供了非常多的学习机会，在公司的培养托举下，我可以去参与各种大型项目，我也开始从个体创业者逐步向商业领袖转变。在自我成长的过程中，我也越来越坚定自己想要用我创业的经验去帮助更多女性在创业实修中拿到成果的初心，我也许下了一个大愿望：要帮助 1000 多位女性破圈成长，拥有独立的事业，实现月入破万。

2023 年，是我"裸辞"创业的第七年，创业初期有些人会问我："后不后悔当初放弃了金饭碗，选择了九死一生的创业之路？"我当时的回答是：我没有想过后不后悔，我只想过要把这条路走成让自己不会后悔的路！而当下已经没有人再问我这个问题了，因为他们已经看到了答案。

现在的我"只工作不上班"，而且我确定我不会再上班了，我非常享受自己现在的工作与生活状态，不用再被早晨的闹钟吵醒，不用再着急忙慌地洗漱、吃早饭，不用再每天一早或半夜赶到医院交班。如今的我，几点睡觉，几点起床，几点工作，都由自己安排，随时可以抽出时间来陪伴家人，不用应酬无聊的饭局，只见想见的人，每天做着自己热爱的事业，每天都充满了斗志，且乐在其中。

辞职创业后，我发现人生太辽阔了，比起过往，前方更值得期待，我会始终带着第一天创业的初心继续乐观勇敢，积极向前，去相信、去成长、去发光、去创造，去遇见不断带给我惊喜的下一段人生旅程。

金钱的背后
是持续上扬的高能量，
是喜悦，
是爱。

大贝塔

文案魔法师
石上生活卓越店长

用七年创业生涯，
换三十年不被定义的自由人生

    1991 年 11 月，我出生在贵州省贵阳市一个温暖有爱的家庭。我是家里的独生女，拥有父母所有的爱。爸爸天生乐观豁达，无论遇到什么大事小事，他总是可以一边走路一边乐呵呵地哼着歌；妈妈贤惠温婉，从小就把我照顾得无微不至，以至于我从小到大几乎两手不沾阳春水。他们非常热心好客，乐于助人，是亲戚朋友们眼里的活菩萨。

    生在这样的家庭，我从小心里就被种下一颗叫作"美好"的种子。我从小就打心底里相信，这个世界是无比美好的，世界上的人大多都是好人，人要积极乐观、充满正能量地生活。所以有朋友说，有的人要用一生来疗愈童年，而我却可以被童年疗愈一生。

    从读书开始，我就是个乖学生，无奈学习理科没天赋，从高中开始，数学考试总分是 150 分，我就没有一次超过 60 分，每次我看到数学老师就像老鼠见到猫一样掉头就走，直到现在我还会因为做梦梦到考数学被吓醒。记得有一次数学考试，我只考了 50

分，我真的太绝望了，一度觉得我以后只能去天桥下捡垃圾了。我哭兮兮地打电话告诉爸妈，这次又考得很差，但是我记得当时他们还是鼓励我，爸爸说没关系，某某商业大佬当年数学也只考0分，某某主持人当年数学也只考几分，好好把语文学好，以后一样可以有出息。正是爸爸的鼓励，给予了我力量，一种可以影响我一生的力量，正是那个时候种下的一颗种子，让我觉得无论如何我都是有价值、值得被肯定、值得被爱的。如今回想起来，我也是自那时起，开始有了较强的配得感。

后来我读了一所不错的二本大学，当我踏入校园的那一刻，我如长了翅膀的小鸟一般感受到了飞翔的自由。我开始展现出我爱社交、强连接的天赋，热衷于参加各种社团，广交朋友。大学功课不紧张，有转专业的自由，后面我就转到了传播学专业。大学期间的经历，为我种下了追求自己热爱的事情的种子。

毕业后，我一直深耕在自己的专业领域。那个时候，我最大的梦想就是升职加薪，每天很享受工作。在工作之余，我还会马不停蹄地学习，我心里有一个声音一直在激励我，我应该有更多的可能性。从珠海到深圳，在做了三份和品牌以及市场相关的工作后，我发现自己在岗位上已经无法充分发挥自己的创造力了，于是开始谋创业出路。

有一天一句话进入我的视线——**"摆脱朝九晚五，实现全球旅游办公"**，这句话对我有种摄人魂魄的力量，我当时就觉得，天哪，这不就是我要的自由吗？

　　我开始在朋友圈开启了我的第一份咨询创业，这个时候，平时用心经营朋友圈传递出来的非常多积极正能量的价值起了作用，在我启动朋友圈咨询的一周内，就招募到了两个私教学员变现5000元，我立马鼓足勇气辞职了。

　　刚创业的我拥有初生牛犊不怕虎的勇气，每天都是心流状态，看到一个个学员因为我的指导，状态变得更好了，赚到更多钱了，我做梦都会笑醒。在我做咨询创业的第四个月，我就做到了月入13万元，用一个月时间赚到了在职场一年的工资；创业一年时间，全年收入翻了五倍。

　　我对自己辞职创业的选择感到无比的荣耀和自豪，通过创业，我实现了自由，拥有了第一批铁杆用户，带着我的学员实现自信心、能量的提升，通过个人品牌打造，实现收入的增加。

　　但是在咨询创业了一年以后，我突然停掉了这个方向的创业。刚创业，没有团队思维，一个人要负责引流、产品、成交、运营、教学，每天都有"团灭"的危险。开始我总觉得是因为自己学得不够多，花了接近六位数去报名参加各种课，把每门课都当作自己的救命稻草，后来我发现，我需要的是找一个完整的商业闭环来承接，因为我有这辈子都要持续创业的打算。

　　我当时做了一个财富清单咨询，简单来说就是你做什么事情才能够活在热爱里面，持续拥有创造财富的能量。

　　我清晰地看到：我真正想拥有的是一支非常有爱的团队，和我一起经营一份我热爱到灵魂深处的事业；我们可以一起在海边度假，一起享受美食，一起环游世界；同时，我们又有一份二十四小时不打烊的管道收入，能够支撑我们活成怦然心动的样子。

很感恩的是，我知道了我热爱什么，并且我把自己调整成了"想要"的频率，巧合的是，石上生活就在这个时候出现了。加入石上以后，我发现它满足了我对创业的所有想象。

我从一个卖货小白，一开始脚踏实地地卖货、带团队，从最低级别做到最高级别用了半年时间。2022 年，石上周年庆活动期间，我用一个月的时间全力以赴冲上头部联创，从一个平平无奇的新晋小联创做到头部联创，创造了石上的奇迹，成为"不达目标不罢休"的大贝塔。

现在的我，找到了让自己轻松喜悦的赚钱方式，我深深地体会到了一句话：**金钱的背后是持续上扬的高能量，是喜悦，是爱。**当我做着一件热爱且擅长的事情，并且能够服务和成就他人的时候，我一点都不会焦虑，每天都过得很滋润。

六个影响我一生的成功法则

在这个项目里，除了收获了七位数的财富之外，我还收获了六个影响我一生的成功法则。

1. 永远要走在自我认识、自我探索的路上

比起世俗意义上的成功，我宁愿选择成为自己，因为在我看

来"成为自己"才是人生最大的成功。人只有充分认识自己以后，才能勇敢冲出世俗的框架，不被标签框架所限制，建立起属于自己的框架和价值观，坚定不移地去创造理想的人生。

2. 要找到自己热爱和擅长的结合点

你一定要清晰地知道，自己热爱和擅长的点可以创造怎样的市场价值，这个市场价值就是你的定位。

好的定位方向 = 你热爱的 + 你擅长的 + 市场需求，你热爱的能够让你持续深耕这个行业，你擅长的决定了你能比别人做得更好，而市场有需求决定了你可以提供价值，赚到钱。

我从我的经历中提取出了 4 个关键词：文案，发朋友圈，连接，个人商业闭环。

在我看到大家有发朋友圈难的痛点的时候，我找到了自己的定位：通过朋友圈，帮助有打造线上影响力或变现需求的人，实现影响力及变现的倍增。当我发现我想有一个稳定的个人商业闭环的时候，我选择了把石上当作杠杆来加倍发挥我的专业价值和影响力，因此我才能做到不错的结果，通过轻创业轻松赚到第一个七位数。

3. 100% 的信念创造 100% 的成果

不是因为看见而相信，而是因为相信才看见。要想成功，信念先行，只要你敢于把信念拉满，你就可以有 1000 种方法去实现。紧盯目标，你会拥有不达目的不罢休的战斗力。

4. 成为、做、拥有

要先"成为"才能"拥有"，而不是"拥有"了才能"成为"。成功的人会先看到机会，失败的人会先看到阻碍，所以要让自己先进入成功者的状态，成功的结果自然而然会来。

5. 成功是有惯性的

当你有了做事做到天花板的坚持，你才能最大程度上磨炼你的心智，以商入道，成为一个真正战无不胜、所向披靡的人。给你一个机会，你就一定可以成功。

6. 心里装了多少人，就会有多大的成功

当你的焦点在自己身上的时候，你看到的范围很小，你的成果也会很小。当你的发心是让别人更好，当你有愿景的时候，你会生发出能够跟宇宙能量同频的力量，这种力量足以让你去成就一番大事业。

享受不被定义的人生

创业，是一个借假修真的过程，我通过创业找到了内心的信条：立志用七年的创业生涯，实现三十年不被定义的人生。

我也看到了我未来想要完成的事：

▶ 带领 100 万女性敢于打破框架，按照自己的意愿过不被定义的一生。

▶ 通过石上深度陪伴 1000 位创业者实现丰盛富足的人生。

▸ 让时间和财富都能像呼吸一般自由，实现时间自由、空间自由、精神自由、财富自由。

▸ 成为任何一个不被定义的角色：十万人超级团队长，互联网创业者，智慧的妈妈，畅销书作家，知名讲师，自由旅行家。

▸ 成为世界的水手，游遍我爱的每一片海。

▸ 通过商业入道，通过自我修行成为一个有智慧的女人。

拥有大梦想，践行小清单。今年是我创业的第四年，四年的创业生涯给了我在职场上十年都不会有的成长逆袭。但我认为要做一件事至少要以七年为一个周期，并且还要拥有穿越周期的能力。现在的我还是一颗小星星，但是我相信一颗永远在发亮的小星星，终将点亮一整片璀璨的星河。

感谢看了我的故事的你，谢谢你。

真正的无敌，
是心中没有敌人。

吴颖扬

石上生活卓越店长
9 年线上创业者
高级健康管理师

三十而"立"志

在即将步入 30 岁的年纪，回望过去九年的创业经历，仿佛一场漫长的和自己对话的修行，在这个过程中，我不断完成自我审视，自我修正，自我成长。我想每个人来到这个世上都有自己的使命，但不是所有人都能一开始就清晰地知道自己要去的方向，所以需要在心上练、事上磨。私域这件事，我磨了九年。

我的私域创业之路是从大二时开始的。我家里虽不是大富大贵，但也是小康之家，其实那个时候并不着急赚钱，只是有创业的心。而这个初心源于人生的一次"滑铁卢"给我带来的思考。

小时候，我是大人口中常提到的"别人家的孩子"，小学全校第一，全区第二，初中通过独招考试考进了省重点中学，但是高考是我顺风顺水的人生中第一次"意外"，我无缘重点本科大学。我曾经觉得一路考试，然后找个好工作就可以了，是高考失利让我有了对未来的进一步思考。这也是我第一次思考我以后要走的方向，当时我心底有个倔强的声音，**路都是人走出来的，学历不**

是资本，能力才是硬道理。

当时我选的是能通过考证有新的出路的会计专业，但是大一时我就发现这不是我热爱的。在学校记者站文字记者的历练中，我发现文字和创造是我的生命热情所在。当时我做的多篇新闻专题登报，暗访一个行业乱象的专题上了头条。因为对新闻的敏锐度，我了解到一个正在兴起的行业——微商。那个时候，还没有人谈私域这样的专业名词。

起初这个行业没有正规军，鱼龙混杂的时期，机会往往就在绝大部分人还看不见、看不起的时候，所以 2014 年，我还在上大二时就开始尝试做私域。

第一次尝试，是暑假时我拿爸爸店里的滋补品做试验，我用心拍摄图片，创作文案，发了三条朋友圈，没想到很多同学支持。三条朋友圈，赚了四位数，那是我第一次感受到"人品红利"，基于过往攒下的信誉就可以瞬间变现。产品在哪里都能买，但为什么要在我这里买，我开始思考"个人品牌"的价值，这也为后来我私域创业埋下了种子。

我认为人生没有白走的路，每个阶段回头看，**之前看似不起眼的起步和坚持，都是奠定我们朝着更大的成果迈进的一个里程碑。**

我开始做私域，是做零成本的内衣家居服的代发。当时虽然做的是零成本的尝试，但是我想做的线上店铺，是一家无论我经营什么项目都会有人买的长久的店。**我卖的不是产品，而**

是个人的人品。产品和品牌，你无法保证其生命周期，但是你的个人品牌，是可以用的一辈子的资产。光卖产品不注入灵魂的私域，做的只是生意，而做个人品牌经营产品和项目，才是事业。

于是，我开了新的微信号，从 0 人开始加到 5000 人，从一件代发做到了一次性批发 200 件内衣的批发商，甚至经常把多个热销款式卖断货。但那个时候做事总是"傻里傻气"的，初期代发利润非常少，客户尺码不合适要来回换，售后多次包邮换到合适为止，有的单子最终还是亏钱的。

但是一次"吃亏"换来了从陌生人到客户，再到一路跟随我九年的事业伙伴，那个姐妹后来成为我的大代理商，无论我做什么项目，她就跟着我做什么。所以我常觉得吃亏是福。**不一定吃的每一次亏都能换真心，但是希望客户好的这份真诚，是个人品牌的魂。**

随着想和我一起赚钱的客户越来越多，我开始组建自己的小团队。一个人的时候怎么样都行，但当有信任你的人跟随时，你就会感觉责任重大。我希望跟着我的人不仅可以赚到钱，更能有所成长。所以 2015 年，我转型做品牌微商，考察了专业的公司和团队，做了系统化的培训。基于团队和客户信任，我的收益也不错，曾一天能达到 2 万元纯利润。

当时赚到钱，最渴望的是去接触更好的教育，提升认知。所以学业之余，我付费参加了一些学习项目。印象很深刻的一次是，当时去参加香港创新企业的体验项目，为期六天，吃住及学费自理。对于学生时代的我，五位数的开销不算小数，但是我也因此接触了牛津大学的老师和一些有志青年，参访了很多有人文情怀的创新型企业，进入重庆大厦和肤色各异的人交谈，感受他们的信仰。肤色和着装并不能定义一个人，差异不是评判的理由。那时候 21 岁的我，更加理解了这个世界的多元化。

2017 年毕业后，我选择去上班，我想了解一家公司是怎么运作的。但还是受不了一个月几千元的工资，所以工作半年，我又开始搞起了副业，依然是私域老本行。我利用午休时间服务客户，下班后谈单、带团队、做培训，就这样做了半年，副业收入已经是主业收入的 20 倍。我真正感到，**打工真的有天花板，而创业的不稳定性也能带来更多可能性。**

2018 年，我辞职开启了全职创业之路，和姐姐大羊一起创业，开了工作室。那一年因业绩奖励，免费去了五个国家旅游，在法国巴黎的街角喝一杯热咖啡，感受这个繁华都市涌动的浪漫，夜幕降临的埃菲尔铁塔的灯光下，有爱人在告白和相拥；坐进小学课本里的威尼斯小船，感受小船转弯时的快速且平稳，令人咋舌；到了阿尔卑斯山下的因特拉肯，仿佛置身童话世界，开着列车的白胡子老爷爷像从画中走出来；在巴厘岛的恶魔之眼，看海水咆哮着撞向悬崖峭壁，我在彩虹一现的瞬间许下了美好的心愿；本来以为巴厘岛的蓝梦岛很美了，没想到马尔代夫的海更是沁人心脾的蓝，椰林树影，水清沙白，夜晚漫天繁星，像是进入了真正的人间天堂。

那一年我感受到了创业带来的自由和激情。见过天地的广袤，便不会执着于眼前的池塘，仰望过璀璨的星辰，心中也不易昏暗。看到了世界的浩渺，越能感受到自己的渺小和一无所知。**当我开始意识到我真的一无所知，才是成长的开始**。我也开始发现，越优秀的人越没有优越感，优越感有时候来自无知。

2020 年，是我创业比较迷茫的一年。但是回想最低谷的时候，我去学习了自己热爱的插画，学习理财知识，去丰富自己。**创业有起伏，每一次低谷都是自我沉淀的最佳时间**。当时我总是坚定地认为，以后会很好的。朋友给我推荐哈佛大学幸福课，里面提到研究中发现，成功的孩子身上普遍的特质是心理弹性比他人好。我想这也是后来我能继续在商业上拿到更大成果的原因，因为无论发生什么，我始终坚信事情可以圆满解决。

2021 年，新的机遇来临，我也迎来了事业上的新转机。钠钠把商业和教育相结合的模式，以及创办石上的发心吸引了我，所以在石上生活内测期我就加入了。让每一个女孩拥有品位、光芒和梦想，是我这六年专注女性成长赛道一直在做而且想越做越好的事。我希望帮助更多女性不仅在财富上实现自由，更能获得精神上的滋养。

在石上这三年，我不仅搭建了团队千万营收的管道收入，更成为星级联创，可以享受公司全盘分红，实现新的财富跃迁，还可以和石上共创未来事业蓝图。但这三年，我认为相比获得财富，更宝贵的是认知的提升。

《道德经》中有一句话：夫唯不争，故天下莫能与之争！以前我以为商业是竞争，而这三年，我开始领悟到**真正的无敌，是心中没有敌人**。我开始去帮助我的竞争对手，我的同行，为同样的目标而毫无保留地贡献自己的经验。我发现我更快乐了，快乐来自成就他人而不计回报，但是结果却是当他人成功，我的目标也更轻松地实现。正如国学大师曾仕强所言："你心里有别人，别人心里才会有你。我们看似是在帮别人忙，最后其实都是在帮自己的忙。"

以前我不明白为什么有的人怎么努力都赚不到钱，后来才明白，**不是赚到钱了才慷慨，而是慷慨的人才能拥有钱。优秀到卓越之间，是德行二字。厚德方能载物，成功是因为有更多人希望你成功，是因为你的心中装下了更多人的成功**。总是算计，就会失算。总是一心利他，不计回报，反而名利双收。对因果的敬畏，也让我更加感恩自己拥有的一切。戒骄戒躁，方能致远。立志利他，才能承载更大的福报。

回望这九年的创业路，不过是一场不断认清自己和他人的体验，我也越来越能接纳自己有做得到的，也有做不到的，允许这个世界有不同的声音。

如果说过去的九年我收获的是财富的提升，是认知的加载，未来我想要的是如何将自己清零重启，以空杯心态迎接我的30岁，迎接下一个十年。

　　我想的三十而"立"，立的不是事业与地位，而是去"立"一个清晰的自我认知：我想成为一个什么样的人，我应该成为一个什么样的人；去"立"一个志：我能为这个世界做点什么。

比未知更可怕的是已知。

幸福猪

石上生活店长
平面设计师
摄影达人

女人的成长比成功更重要

一年有 365 天，有的人活了 365 天，有的人只活了一天，这一天重复了 365 次。

在很长的一段时间里，我就是那个只活了一天并将这一天重复了 365 次的人。

我很清楚地记得，有一天我下班回家，到了家楼下，看到夕阳落下，我心中不禁感叹：唉，今天终于过完了！感叹完之后，我心中突然有个疑问：我为什么会期待今天过完？今天过完之后，明天我又期待什么呢？明天又期待赶紧过完吗？那然后呢？

想到这个时，突然觉得好可怕，我的生活竟变得如此无聊，那我没有新的期待了吗？难道我的人生就只能这样了吗？难道人生来就只是读书、工作、结婚、生子，然后陪着孩子长大？那之后呢，就养老等死了吗？所有人都这样循规蹈矩地生活，那我们人生的意义是什么呢？

我忽然看到了五年、十年后的自己，那一刻，我感觉到了，**比未知更可怕的是已知。**

因为一个意识的觉醒，我重新审视了自己的生活。早在几年前，我说我想学英语，那时候内心的另一个声音说：你现在又不出国，而且你的工作又不需要用英语，学来干吗，学了没机会用你就忘了；我说我想学烘焙，内心的另一个声音说：烤箱都没买，等以后买了烤箱再说；我说我想学车，内心的另一个声音还是说：还没买车，你学了不开就会忘的，等买了车再说吧……

于是这些念头我都一一放弃了，啥也没学，看起来没啥问题，也没有任何损失，可是到了今天，我依然没有任何改变。我有时想，万一我当时学了呢？会不会有更多的可能性？

那今天的我，如果还继续这样生活下去，是不是依旧什么都不会变？我仿佛又看到了五年、十年后的自己，感觉好可怕。我不想要这样的人生。**如果今天的我不改变的话，我也无法改变我的生活。我要行动，我要自己决定自己的人生！**

我知道，要想真正掌控自己的人生，一定要有经济独立的能力，这是必要条件。这一刻，我心中冒出了强烈的想法：我要创业！

于是我开启了我的第一次创业之路——做美体内衣。

在一次活动中，我观看了美体内衣秀，看到了 T 台上的模特是如此的性感迷人、自信光彩。那一刻我被迷住了，我觉得我都会被这样的女人迷住，更何况是男人呢？我想，如果有一天，我也可以这样就好了。

命运总是眷顾有想法的人，没过多久，会所举办活动，要走旗袍秀和内衣秀，刚好缺模特，她们就跟我说：猪猪，你身材那么好，人也长得好看，不如你上吧！你不去走秀真是浪费。

"不不不，我不行，我没走过，况且我这么保守的人，走内衣秀真的不敢！"我连忙拒绝。她们说："每个人都是从第一次过来的，都是从不敢到敢。你一定要去挑战自己。"于是，我被硬推上了舞台。第一次走秀，我走得战战兢兢，脚都在发抖，但是我想，我不就是想成为像舞台上的那样光彩照人的女人吗？那我去突破啊，所以我硬着头皮上了。

随着不断练习，我也越走越自如，后来我终于也成了那个可以在 T 台上闪闪发光的女人。

我不了解美体内衣的发展史，也不了解产品，于是我向这个行业讲得最好的人学习，把她讲的话录音，并整理成了 30 多页的逐字稿，反复讲习。我不敢上台分享，我就逼着自己，即使两腿发抖不知道讲什么，也要让自己先站到台上。我不会讲课，但是为了突破自己，我还是答应下来，备课备到凌晨两三点，第二天一早去分享，好多伙伴都深受触动，说内心突然被点亮，课后纷纷来向我请教。

从那以后，我之前所有不敢的事情，我都开始去尝试，去突破自己，**因为我知道，我不可能用一个旧的自己，去期待一个新的未来。**

在我以为我会这样一直做下去的时候，有一天，公司的一个女孩说要去做微商。我不理解，我问她：我们这里有"高大上"

的会所，而且利润也很不错，你为什么去做微商啊？看起来不怎么高级的样子，你能赚多少钱呢？她说：我们的利润虽然不高，但是网络的裂变实在太惊人了，我也才做了短短三个月，我的团队已经有 60 多个人了。

我有点惊讶，她是一个看起来很普通的女孩，也没有什么过人的能力，居然可以这么快速组建团队。她还说：其实这 60 多个人也不是我一一去推荐的，我只是推荐了几个朋友一起做，后来团队就裂变了那么多人，我也没想到。

我虽然对微商不怎么感兴趣，但是我听懂了"裂变"两个字。我知道，未来一定会是互联网的世界，所有生意都会慢慢转到互联网上，而只有"裂变"才能让生意做得更大。所以我开始发展线上事业。

辗转两个平台之后，在一次行动派的课程中我认识了钠钠并加了微信。她很优秀，阳光自信，有能力，还是一个很有趣的女孩子。但那时我对她也仅限于欣赏，无法产生交集。直到钠钠开始创立石上，我才开始有机会跟她连接。

在内测群听完钠钠的分享，我非常笃定：这就是我想要做的平台！钠钠的思维、价值观都令我敬佩，她的格局、大爱、利他，都是"道"，而且石上的选品、审美、文案都很用心。我相信只有真正用心做事的人，才是"正道"，才能在未来走得更长远！

在这几年的学习和成长中，我深深地意识到"女人的成长比成功更重要"！而石上除了让我们"用低成本过高品质的生活"

外，还加入了教育赋能和直播板块，真的太有远见了。**成功能让我们变有钱，而成长才能让我们变值钱，这才是别人拿不走的能力！**

刚开始入局石上的时候，我自认为之前曾经营过其他平台，也对经营朋友圈有点经验，觉得做起来会很简单。但是很快我发现，石上真的人才辈出，很多完全没有经验的"小白"或是宝妈们收入居然比我还高，升级比我还快。于是我不得不沉下心来开始学习。我知道过去的经验已经不能支撑我走得更远，我应该放下那些所谓的经验，重新开始向那些真正拿到成果的人学习。我相信，她们可以做到，我一定也可以！

很快，我也冲到了联创，财富也完成了一次质的升级，我终于能够为我所喜欢和热爱的东西买单，我不再是去期待和祈求的那个人，我终于可以为自己的生命做主，这种感觉真的太棒了！

有什么事情是可以让你做一辈子的吗？我想，很多人即使再热爱自己的工作，也不敢确定自己真的可以做一辈子。但是，对于瞬息万变的今天，依然有一件事真的值得我们每一个人做一辈子，那就是"自媒体"！

我们不是带货的机器，我们每个人都需要经营好自己。我们只是在经营自己的同时，把自己喜欢的、热爱的、吃的喝的、好用的东西分享出去而已，然后顺便赚点钱，这真的是这个时代赋予我们的最好的创业机会了。生于这个时代，我们真的太幸福了！

做石上不影响我们去做任何我们喜欢的事，我们可以去旅行、去学习、去陪伴孩子，但在做这些的同时也不影响我们赚钱，这真的太美好了。在人人都需要副业的时代，石上就是一个超棒的选择！

女孩啊，我们不是他人的附属品，不管你现在的人生在经历什么，你都可以从此刻开始改变。我们每个人都可以活出独一无二的自己，在有限的生命中，活出价值、活出自信。

当我们说我不行、我不能的时候，一定要跟自己说，或许我可以试着突破，说不定会有新的可能性。千万不要在每个"算了吧"中度过自己的人生。

我们每个人都可以活成一道光，即使是微光，也可以照亮自己，照亮他人。一道道微光聚集起来就是璀璨星河。

生命有限，
一定要去选择做
让自己开心的事，
去靠近滋养的人和
有能量的事。

媛姑娘

石上生活店长
哲学心理顾问
终身学习者

允许一切如其所是

嗨，你有多久没停下来好好关注自己了？

2019 年 8 月，我经历了人生第一次住院。

那段时间不知什么原因我体温居高不下，无奈之下只好去医院检查。医生安排了抽血，结果显示白细胞指数超低，我还没有拿到检查报告，医生的电话就打了过来，很严肃地和我说了好多陌生的名词，要求我立马吃药，即刻戴上口罩。就这样懵懵懂懂的，我办好了住院手续。

住院后的一周，身体各项指标越来越低。我也第一次经历被隔离、被下病危通知。那段时间每天吊瓶从早上挂到晚上，每天大概有 3～4 次体温在 39 度以上。每次发烧，护士会过来抽一次血，给我退烧药吃，吃完药后我会出汗，流汗流到衣服头发全湿，浑身难受得很。一次退烧药可以保持四五个小时，白天还好，严重的时候晚上发烧就只能熬着，整夜都无法入眠。

生病后期，我整个牙龈都肿了，也没有任何胃口，只能喝白粥，但每天一日三餐雷打不动有一大堆药要吃，我有时还会不争气地把药都吐出来。脖子也落枕了，我只能直直地躺着，不敢乱动，左右手手背上都是针眼。一次，因为血管细，护士把针扎进去，结果药水进不去，又得拔出来，反复几次，实在找不到可以扎的位置了。之后护士长来了，在我的左右手上找了很久，说"要不扎脚上吧"。我想了想说，"还是扎在手上吧，扎脚上我上厕所不方便"。护士长只好找了个不是那么好的位置打针，位置离骨头比较近，很容易碰到，每次碰到就会有点疼。也是那段时间，从来不怕打针的我竟然开始有点儿恐惧打针……

我开始变得浮躁，觉得好像所有不好的事都发生在我身上，没法好好吃饭，也没法好好睡觉。我开始抱怨医生，"好歹也是三甲医院，为什么我住院这么久不但没好，反而越来越严重"。我也会抱怨护士，"态度为什么那么差"。我会抱怨哥哥，"我都这样了，为什么还要和我争吵"……

直到有一天晚上，我迷迷糊糊做了个奇怪的梦，梦到自己不是自己，整个身体分离了。被吓醒后，我赶紧摸了摸自己，幸好自己还是完整的，这也是我第一次这么用心感受身体的每个部位以及呼吸。我看了看时间，凌晨三点二十分，没有一丝睡意，我似乎感受到了平行时空的另一个我，在告诉自己要调整好心态，要好好爱自己，相信方法总比困难多。

转念，活在当下

让自己安静下来，全然去接受，少跟自己较劲。我选择听自己喜欢的课程，听到音频另一端的陈海贤老师正分享里尔克的那段话：现在你自身有这么多事情发生，你要像一个病人似的忍耐，又要像一个康复者似的自信；你也许同时是这两个人……试着把不好的情绪转为正面的力量，转换角度去思考。

住院那段时间虽然是夏天，但我出奇地想念太阳，每每太阳透过玻璃照进来，我都会用心享受一番。晚上睡不好时，偶尔会走到窗前，感觉月亮可以读懂此刻的自己。这些都是在没有生病时所忽略的。天地、日月、山河、花草……多么美好的世界。

生活的真相往往不容易被看到，我们会抓住不该抓的东西不放手，但当感受到生命的无常，看到的似乎就和之前有点不一样了。

发现和感受美好

幸运的是，好像所有的事情都开始往好的方向发展。

刚住院时，在病房遇到两位温暖的姐姐，姐姐们看到我一个人住院，询问我的身体情况。在我的哥哥没来照顾我之前，其中一个姐姐充当了我的家人，主动帮我去医院饭堂打饭、买日常用品、叫护士。另一个姐姐看着这么多医生围着我，还要我签病危通知书，她替我问了医生一些问题，把我的病历发给了她的医生朋友，给了我很多建议和鼓励，叫我不要害怕。后来，我因为免疫力太低被隔离了，其中一位姐姐出院时来到我病房外看望，护士没让她进来，她看我在休息就没打扰我，给我发了一条信息，叫我加油。

我一直相信，无论在什么样的境遇下，总有一些善良可爱的人们，他们像是一束光，在关键时刻给予我们温暖和希望。这两位姐姐就是。

有时，我也从音乐中汲取力量。我从小就很喜欢音乐，音乐给予我的力量依旧是其他东西无法替代的，我想象不出没有音乐的世界。正如从高中开始我就很喜欢听林俊杰的音乐，他的很多歌陪伴了我整个学生时代，包括住院这段时间我一直反复在听的《裂缝中的阳光》《加油》《完美新世界》。这些歌一直在陪伴着我，很多次我快坚持不下去的时候，这些歌像给了我一根命运的缰绳，让我能够抓住并拼命地往上爬，让我变成一个勇敢和有力量的人。

借力，寻求帮助

住院第二周，我找到了学习的榜样，和她说了我的情况。她推荐给我一本书——《零极限》。这本书两年前我看过，但并没有留下过多的印象。我听话照做，把书看了一遍，把四句箴言"对不起、请原谅、谢谢你、我爱你"用来清理自己的内心，让自己多去感受爱。

"我爱你"，这个爱是爱一切。**相信自己能感觉到，就能被疗愈，也只有对自己百分百负责，对自己生活中发生的所有事负责，才能毫不费力地解决问题。**每当有负面情绪产生时，我马上转念，在心里默念四句箴言。当开始接纳和爱自己时，我发现其他事情也都在慢慢变好。

每次主治医生询问我的情况时，我感到他是真的在努力想要把我治好。护士长会耐心地陪我聊天，让我安心养病，不要想太多。在转念之后，每次医生和护士来，我都面带微笑并在他们离开时发自内心地说句谢谢。

我和哥哥相差一岁多，我们属于从小打架打到大，互相看对方不顺眼的那种兄妹关系。但他接到医生的电话后第一时间从湖南赶到广东来陪我，照顾我的一日三餐，帮我洗衣服，为了我的治疗效果能更好，跑了好几家医院……尽管我们会因为某些小事争吵，但经历此事，我心里是暖暖的。

出院的前一晚，房间要进行消毒，在医生的批准下，我可以戴口罩出去走走。住这么久，第一次走出房间的我非常兴奋。那晚是十点左右，我看到医生和护士们依旧很认真地在工作着。而很多病人因为床位紧张都在走廊里躺着。出院时我才知道，医院真的对我太好了，因为怕我感染病毒，原本三个人住的病房给我一个人住，医院只收了我一个床位的钱。出院时，我默默对病房进行了零极限清理。和医生、护士们告别后，走出医院，沐浴着阳光，我有种重生的感觉。

我很感谢住院这段时间带给我的改变。这次生病的经历，于我而言更像是一份礼物，让我开始关注自己的身体和观察自己的内心，学会把痛苦转化为正面的力量，转换角度去思考。我也更加懂得关心他人的健康，有了新的人生观，这种人生观让我想要去追求更高、更好的东西。我明白了生命有限，一定要去选择做让自己开心的事，去靠近能滋养我的人，去做有能量的事。

因此，当2021年石上生活起盘时，我便一眼看出，这个项目就是为当下的我量身打造的。我喜欢正心正念的创始团队，喜欢公司的教育赋能，喜欢石上，我找回了久违的热情。

另外，经营石上越久，真的会越来越爱，尤其是养生类的产品，品质很好。经历生病之后，我开始重视自己的身体，在做石上的这两年多时间里，我一直在坚持吃养生类的产品，身体和抵抗力变得越来越好，无论是内在还是外在，整个生命都是向善向上的。同时，我不断去种下关于健康的种子，让越来越多的朋友、客户吃上性价比高的养生产品。**预防大于治疗，让养生成为一种生活习惯，让更多人避免经历病痛的折磨，目前，这就是我的责任。**

分享到这里时，我感受到内在的自己更有力量了，也越来越清晰地知道自己想要去的方向，要成为一个怎样的人。人生不是没有迷茫和痛苦，只不过当我们有意识觉察后，可以借假修真，去刻意练习把一些美好品质变成自己一生的习惯，缩短痛苦和迷茫的时间，从而更有底气和力量去面对生活中所发生的一切。

感恩生命中遇到的一切，感谢生活中遇到的每一个人！

你所拥有的一切，
都是由你亲手创造的，
很多事情，
敢想就会有，
敢做就能成。

小房

石上生活店长
微博 31 万粉丝博主
自由职业年变现百万利润

比起尽我所能，我更喜欢全力以赴

大家好，我是小房，陪你乘风破浪的创业"宝藏房"。做了石上之后，她们都叫我"宝藏房"，因为我不仅可以秒出文案，秒出图，还可以秒出视频。

我是来自广东省普宁市的一个客家女孩，出身农村，家里兄弟姐妹五个，父母重男轻女思想比较严重，觉得女孩子不用读什么书，也不重视教育，所以初中毕业我就出来打工了。

我的第一份工作是在一家运动服装店，做了四年半，从导购做到了收银员再到店长。刚开始做店员非常辛苦，要每天打扫卫生，每天还要开会，早会、午会、晚会、周会、月会，还要盘点、收货、整理货，有时还通宵做店铺陈列。为了提高绩效，我会在周末客流量多的时候去加班，常常是下午 2 点的班，我早上 10 点就到了，还记得那个月我拿了近 1 万元的收入，开心得不得了！虽然很辛苦，但是我没有浪费我的辛苦。在一个行业做久了会迷茫，没有方向感，后来我就辞职回家了。

我做过两年半的电信客服，在这期间，我还主动申请做售后客服。因为接售后电话 0.5 元一个，多接就能多赚，工资又可以高一点。但售后电话很难处理，对方情绪一般都不好，有时接了直接开骂。我经常会被骂哭，但哭完继续接电话，就想着多接一个就能多挣 0.5 元。因为工作努力，表现优异，在职期间我还获得了"最佳师傅奖"。

之后，我还做过三年半的客户经理。在职期间，我就是公司里的一块砖，哪里需要去哪里。做过催收，一天打 200 个电话；做过税务局驻点的客户经理；做过金融客户经理，一个月做了 1000 万元的业绩，做到深圳第一。那个月工资 8000 多元，说是年底有分红，可之后公司说客户没按时还款，公司做不下去，这个项目也没有了，我也没拿到分红。那时候我真的很拼、很努力，可是即便如此，想通过打工加薪赚大钱真的太难了。

因为工作是双休，我做起了副业，做香港代购。因为做代购也做得晚了，没有踩中风口，客户并不多，我就用真诚打动大家，每次过去都会晒去香港的图，证明自己来香港了。做代购也很累，我每周跑一次香港，每次都是一个人拖着大大的行李箱来回奔波。从深圳去香港来回通勤时间四个小时，每次我都是早上 7 点起晚上 10 点到家，周六路上跑一天，周日发货一天，但赚的并不多，一趟只有几百上千元，并且常常感到筋疲力尽。

后来，我还做了微商，从之前的客户那里选择了一个自用一年的内衣品牌，信用卡刷了 6 万元做投资，做了最高级别的金牌经销商。最初，我列客户名单送了 50 套内衣，定期回访客户穿着的感受，并在朋友圈分享，做到了一个月回本。

因为工作单位不允许搞副业，我不得已辞职，开始做汽车主播。我非常认真地学习品牌汽车的知识，从拿着稿念到倒背如流，只用了一周。因为做副业的时候，我还做了小红书和微博，有过运营经验，是有30万粉丝的微博原创视频博主。所以在做主播的时候，我还负责公司的小红书运营，发了第一篇就有了意向线索，最后成功出单。

也是这个时候，我开始接触石上这个副业。但直到我跟了创业神仙水，我才发现，认知偏差真的能蒙蔽双眼。以前，主业占据我的时间最多，一天坐班八小时，通勤时间两小时，月休只有4天。而我做石上以后，却可以很轻松地赚到钱，收益甚至远远超过我的主业。对比之下，我的时间价值严重不对等。我意识到，我的时间其实可以用来创造更多的价值！

尤其是我看到石上有教育赋能板块时，我心动了，因为我认为：未来走得远的企业一定不是擅长激励的企业，而是能够做持续赋能的企业。"打鸡血"是短效的，真正持续有效的是用心陪一群人成长。很多行外人没办法理解石上为什么黏性高，那是因为，团队每天都在做看起来对快速提升业绩没用但却能牢牢抓住人心的东西。

以前我觉得做销售目的就是赚钱，但石上让我对销售这个职业有了新的认知，我明白了，要做利他的销售，我也真正体验到了，做利他的销售真的很快乐！同时我对金钱的认知又提高了一个层次。**对销售有卡点的人，其实是对金钱的认知不够，对金钱有卡点，怕别人觉得自己是在赚他的钱。**这本质上是不够自信，缺乏配得感。销售，要保持一种积极主动的态度，一种敢于表达的习惯，一种拥护美好与爱的信念。当你真正懂得销售的底层逻辑，真正解决了销售的卡点，你的人生会有一种"赢麻了"的感觉。

于是在 2022 年 3 月，我又辞职了，开始一心一意做石上。这是我做得最正确的选择，自由职业真的太爽了！

前几天和小姐妹闲聊，她说今天又是不想上班的一天，很羡慕我做自由职业。还记得上班那时候，我坐地铁要转两次线，还老是被挤，也是从那时候起，我下定决心一定要结束每天经历早晚高峰的生活。现在终于实现了，过上了我喜欢的生活。

其实，上班也好，自由职业也好，创业也罢，重要的是能够过自己热爱的生活。哪怕你现在身在职场，也要给自己创造第二条道路，去做一些原来不曾做过的事，给自己一种新的可能性。现在无论是做内衣品牌，还是做石上，都能给我无限的自由和理想的生活状态。

你所拥有的一切，都是由你亲手创造的，很多事情，敢想就会有，敢做就能成。未来，我想帮助 1000 个女孩实现月入10000 元！

做了石上，从不网购的爸爸，在石上生活平台下单为小侄女买了衣服，支持我的事业。因为他知道，他买了，女儿就有钱赚，女儿会得到鼓励。他还会每天都把我的朋友圈点一次赞，点完还要提醒我妈妈点。这就是石上带给我的复利收益，让我增加了和家人连接感情的次数。石上不仅是一个有高性价比的高品质好物的平台，还是一个能够让全家老少都能找到心动好物的平台，更是一个超级有温度的情感连接器。

石上是我做过的对普通人最友好的项目，是普通人可以通过努力突破圈层的一个项目。我是一个普通的农村女孩，我的起点很低，我都可以，大家也可以，甚至可以收获更多，因为在石上有无限的可能！

来石上，我的人生我创造。

在合适的时候做合适的事情，做好那关键的 1% 也可以实现两全。

小琦

石上生活店长
国际商务日语高级翻译
早教领军品牌华南区负责人

普通女孩如何与同龄人拉开差距，活出自己想要的样子

我是小琦，是一个 15 年持续创业者；是石上生活的千人团队长，业绩近 3000 万元；是国际商务日语高级翻译，世界 500 强企业优秀翻译；是早期教育领军品牌华南区负责人，全国业绩前茅；是两个孩子的妈妈。

先跟大家分享我的履历。

25 岁：外语从无法开口到同声翻译，从借款 50 万元做投资到收益近 100 万元。

30 岁：创业、结婚、买房买车，三年抱俩，儿女双全。用最短的时间，做最高效、高质量的事情。

35 岁：从传统行业转型线上社交电商，成为石上生活联合创始人，一年用一部手机撬动业绩千万元，成为万人团队长。

出生在教育世家的我，父母非常希望我也可以成为一位人民教师，相夫教子、朝九晚五、寒暑假双休。可是我看到了家人们的局限，事业顶峰是校长或者教育局人员，工作范围的直径基本

不出市。世界那么大，我想去看看。后来我知道做翻译可以飞去好多地方，于是不顾家人的反对，高考填志愿时我全部填了小语种，最后读了一个三线院校的日语专业。

毕业那年，刚好遇到了金融危机，外企倒闭严重，更别说招聘实习生，机缘巧合，我到了国际幼儿园实习。用日语的机会其实特别少，但我非常热情努力，积极帮助园长、老师做事，园长非常器重我，重要场合都让我帮忙，我也因此结识了很多优秀的学生家长，也因此奠定了日后我开启早教幼儿园这条教育路的基础。经济危机好转后，我通过自己的努力，进入世界500强企业工作，并取得了优异的成绩。

纵观过去，我遇到了很多贵人，取得了很多优于同龄人的成绩，这个过程中，我到底做对了什么？

因规划，而从容

当我面对教育世家的巨大压力，跟全家人抗争选择了翻译专业，我想把漂漂亮亮的成绩单呈现给家人看时，高考的失利，让我从原本应轻松考上的重点本科掉到了三线院校。

怀着忐忑的心情我上了大学。第一节课，老师说虽然大家起点低，但是逆风翻盘的机会来了，因为上的是大家都是零基础的日语专业。我想如果经过三年的学习，我拿到了日语国际认证书，就比没考取认证书的重点本科的学生优秀。因此，我非常认真地学习，规划每一步。

　　我记得大三的时候，好多同学都出去实习了，我还在利用学习的时间复习考国际日语证。作为学生会主席，我认识很多老师，每次遇到老师们，他们都会很关心地问我怎么还没找到工作。为了避免尴尬，后来我都不去学校食堂吃饭，在宿舍吃面包、泡面。我深深地知道这张证书将会是以后的敲门砖，我不在意目前的实习机会。

　　在我努力之后，我如愿拿到少数人才能拿到的证书，并且顺利进入世界 500 强企业工作，其间除了运气，更多的是实力。在我的同学们还在干着月薪 3000 元左右的日本料理店的服务员时，我已经是月入五位数的世界 500 强企业总经理的执行翻译总监。而同时，选择教师行业的同学们，也拿起教鞭在老家的小学、中学朝九晚五地开始上课，而我已经是一日三城的节奏，每天看不同的风景，见不同的人，见识、认知日益递增，慢慢活成了自己想要的样子。

　　这段人生经历告诉我：在怎样的起点不重要，重要的是要非常清晰地知道自己的目标！**人生是一场不断追求目标的旅程，有了目标，就有方向和动力，就不会焦虑目前的滞后，而更知道厚积薄发、水到渠成。**

　　凡事预则立，不预则废。规划好人生，时间会陪着我们慢慢变成自己想要的样子。

深耕自己，敢破局

王阳明曾经说过：人需在事上磨，方能立得住。**一个人最大的能力是能够深耕、敢于破局、懂得持续。**

年少的我，为了实现到处去看看的理想，放弃教师职业选择做了翻译。当我成长起来，想做更多有价值的事情时，我遇到了幼教行业的贵人。怀着美好的梦想，我选择入局幼教行业，风靡华南区，30 岁未到，月薪就已达到了同龄人的年薪。

每天除了日常的工作，我学习幼儿教育，学习企业管理、个人成长，每个周末如火如荼地游走在各大课堂。深耕自己，也加持了事业和个人的成长，屡创佳绩！女人最大的投资，就是投资自己。在学习中收获的东西，也深深地反哺我自己。我们花的所有时间和精力都是无形资产，别人抢也抢不走，这让我们越来越无可替代。

在精进自己的过程中，我学习了互联网、社交电商，线上线下结合，在幼教行业严峻的情况下保持业绩稳定。未雨绸缪的我，经过多方面调查、比较、筛选，毅然加入社交新零售——石上生活。将社交新零售的方法，放到原有的传统教育行业中，迅速与同行拉开差距，业绩倍增。石上生活的教育赋能、短视频、直播，形成了完美的铁三角，使这个平台不仅做线上运营很优秀，应用在传统行业，也特别值得参考。

随着"双减"、人口出生率下降的陆续到来，幼教行业遇到前所未有的打击。当同行还在面对巨大的压力苦苦支撑时，我已经通过在石上生活一年来的成长，在私域、直播、短视频方面做得游刃有余，并在一年内从什么都不懂的线上"小白"创下了千万元的业绩，用一部手机撬动了原本几十个人才能达成的业绩。

我认为坚持长期主义，关键是做复利的事情，必须具备成长性的眼光，敏锐觉察商业动态，及时做出调整。**长期主义并不是坚持某件事长期不变，而是在顺应时代的要求下，以万变坚持不变。深耕自己，才有能力破局，才能有新的能力、新的成就、新的愿景。**

抓住关键点，持续做对 1% 的事

世界上唯一公平的事，就是每个人的一天都是二十四小时。然而，每个人取得的成果千差万别。想要成功，必须抓住关键点，持续做对 1% 的事情。

高考失利后，在三线院校的起点，想要有重点大学的机会和待遇可能性微乎其微，很多人问我，为什么我可以进入世界 500 强企业，因为大家都知道，虽然有国际语言证书，但硬性的门槛就可以把我甩出几条街。那是因为我做对了 1% 的事。

在大家都在料理店做服务员、给机构发传单的时候，我在几乎连几句蹩脚的日语都挤不出来的时候，写了一个简单介绍自己的牌子，并标上高于市场价的日薪站到广交会的门口，很快吸引了别人的注意力。但他们不是要来聘请我，而是好奇我为什么要价比别人高。关注的人多了，成交率就上升了，很快我就成为一个初到中国的商人的广交会翻译。我非常珍惜这次机会，虽然刚开始客户并不满意，但我用我的真诚和认真打动了他。他之后也成了我职场中的贵人。至今十几年，每次他们公司的人来中国，我都是御用翻译。

当我进入广交会，我深深地知道我不仅仅是来做临时翻译的，更重要的是我在寻找事业上的机会，对标的是世界 500 强企业。当我看到我想要入职的公司时，我全面查阅了这家企业的相关资料，间隙找工作人员简单介绍了自己，并让他给我介绍了他们的总经理，合影留念。后来，我把合照发给总经理，表达了感谢，并把我的履历和希望入职他的公司的愿望告诉了他，过了许久他才回信，并说已经帮我写好了推荐信，破格录取。他说他在我身上看到了自己年轻的样子，能有贵人搭把手，就前途无限，他想做我的那个贵人。

后来辞职经营教育事业，也是源于我对自己未来的五年规划，做对了 1% 的事。随着见识的增长，我感受到自己在飞速成长，已经有能力做自己的事业。经过很多的市场调研，加上我出身于教育世家，我决定进入朝阳行业——幼教体系。当时老师、家长对我这样一个年纪轻轻的老板很不屑，我知道自己想要做好这件事，必须深耕，才有能力令他人信服。当时我穿梭在各大公众号、微博等，白天上班，晚上上课，平时上班，周末培训，不到一年的时间，虽然我未婚未育，我已把自己"武装"成资深的幼儿专家，让大家折服，从而也让幼教事业越来越好。

当幼教行业发展顺利时，我把自己的时间与精力空出来，去探索更多的可能。做对那1%，未雨绸缪，永远给自己和公司提供第二条道路。在石上，我看到创始人钠钠的大爱和付出，看到公司团队的团结互助，看到团长们的配合和努力，也深深影响了我对企业的管理方式。

30岁我成家了，三年抱俩，有儿有女。大家都认为我事业家庭双丰收，其实我也只是做对了1%的事情。大家都知道，对于女性来说，事业和家庭很难两全。我想说的是，**在合适的时候做合适的事情，做好那关键的1%也可以实现两全**。我把结婚、生儿育女这样的人生大事，浓缩在三年内全部完成。三年内，我把工作放在第二位，把休养、生活放在第一位，保持足够的睡眠、持续的运动、快乐的心情，迎接新生命、新生活，同时也在养精蓄锐，厚积薄发。很多朋友说，新家庭连续迎来两个小生命，不会无法兼顾吗？当时我们请了月嫂、请了阿姨，姐姐两岁半就开始上早教，钱能解决90%以上的问题。**一定要让自己有足够的盘缠，再去谈诗和远方。**

人生就像一场马拉松，不是使劲往前冲就可以抵达想要的终点，**而是要找到正确的方向，抓住关键的1%，**才能拉开人和人之间的差距。

不要停止前进的步伐，
即使有时候走得慢一些，
每个人都能成为闪闪发光
的自己。

I'm KK

10 年私域创业者
石上生活店长
超能力少女

女孩，请"置顶"你的赚钱能力

在不断赚钱的过程中，做到"事上练"

我的爸爸妈妈十三四岁就来到深圳务工，白手起家慢慢开始做生意，受他们的耳濡目染，我从小就比较有赚钱意识，自己想要的东西要靠自己付出劳动去得到。

初中时的寒暑假，我去了妈妈的工厂帮忙，赚了 2000 元，给自己买了人生中的第一部手机。还记得那部手机是联想的翻盖机，蓝色亮面的，闪闪发光，仿佛是我的荣耀。

大学时，我加入了学院的学生会公关部。因为性格比较内向，我开始有意识地锻炼自己，越不会什么越要去练习什么，会主动积极地跟同学们去拉赞助，不断挑战自己。

从大二开始，我就没有找家里要过生活费了。我当时做着两份兼职，第一份兼职是在一家甜品店，一小时工资 6 元；第二份兼职是在桌球馆，一小时工资 8 元。虽然工资不高，但是我觉得多锻炼、多接触、多学习，对自己总是没有坏处的。当时的甜品店老板——盛哥对我的影响非常大，他 16 岁便独自一人来到我们学校附近创业，25 岁在广州拥有了自己的房子和车子，我们经常一起聊商业，那时候我觉得他特别厉害，我也因此开始有了创业的想法。

大二兼职的同时，我开始了线上创业，创立了我的首个工作微信号，加了 200 个好友，从这 200 个好友开始经营，我卖服装，卖定制护肤品，卖零食。我的宿舍在七楼，没有电梯，我经常在宿舍打包好快递再拉到快递站去寄，每次打包的箱子都是装满满一麻袋，我一个人把它拉下七楼，送到快递站。我经常会在寄快递的路上遇到同学，他们都觉得我很辛苦，但我却乐在其中。

就连寒暑假，放假回到深圳，我也会去快餐店打工，主要是想要磨炼自己的性子。打工时，经常会加班到十一二点，但我也不怕辛苦，就这样一直不停歇地做完一个假期。

当时的我通过线上创业，加上上学的业余时间在甜品店和桌球馆兼职，寒暑假在快餐店打工，就这样，在大三时——当年我 22 岁，有了我人生的第一个百万。凭借努力，我为自己积攒了创业的第一桶金。

不过，大四下学期的时候，我突然很想体验朝九晚五的上班族生活，允许自己放慢脚步，尝试不一样的生活，于是我去了一家央企实习。之后，我还去了一家世界 500 强企业工作，体验民营企业的企业文化。

不管是紧张的还是松弛的，是劳累的还是轻松的，在这些工作中，我收获满满。我不断地磨炼自己，不断突破自我，让自己变得大方、自信，成长为更好的自己。

我也明白，**世界上没有免费的东西，想要什么就要靠自己去争取。**

上班只是沉淀，内心一直有创业心

这个认知，我自己一直都是很明确的。

所以，在尝试了各种想要体验的工作后，我毅然决然地离职，重新开启线上工作号，做了线上买手店。

每月前往日本、韩国采买护肤品、化妆品、服饰、包包等；没有伴的时候，就自己一个人去；日本、韩国很多路都是上坡路，坐地铁常常需要爬楼梯，平时连矿泉水盖都拧不开的人，却常要推着两三百斤的三个行李箱在路上奔波；经常半夜理货到凌晨四五点，第二天一大早就要起来去买东西；为了节省时间，来不及吃饭，经常是买个饭团放在包里，趁专柜排队的时候抽时间吃掉；一天走两三万步是常有的事。

记得做买手的时候，有一次去日本代购是我自己去的。为了住宿便宜，我定了一家民宿，因为不了解那边的情况，误订了周边是红灯区的地方。有一天晚上采购完，回到民宿比较晚了，路过的时候还被喝醉酒的人调戏。当时内心害怕极了，赶紧跑了回去。

每一段奋斗的光阴，都是奇迹的序章，战胜起于心有决意之时，让拼搏掷地有声。

遇见石上，遇见更好的自己

我先是做了良品铺子分享官，一个星期裂变了400多人的团队，这让我意识到一个人干不过一个团队。

后来遇见了石上生活，在石上，我学到了很多东西。

石上小课堂很多都是免费的，还有和销售无关的学习资料，石上会带我们上很多的顶级智慧课程，让我们接触正心、正念、清理、利他。

石上的产品不仅仅局限于零食，覆盖生活全品类，低成本且高品质。

石上的理念是：零成本、零投资、零风险，分享更多生活好物给客户的同时，还可以带客户一起无压力创业。钠钠的目标是带2000万女性每个月多赚2000元，因此我目前也给自己设定了一个目标：带2000位女性每个月多赚2000元。

线下商学院是石上独一无二的闪光点，石上不仅带着团长们赚钱，还会给予大家精神上的滋养。

2021年9月，我通过石上参加了依娜老师的线下课。这次课程对我意义重大，重塑了我以往的认知。我十分感恩我自己种下的好种子，过去一直在努力耕耘，在27岁就能接触到如此高维的课程。我也开始能够理解，为什么乔布斯和马云等多位精英都在推崇正念，并且一生践行正念，因为它本是一种生活方式，每一个起心定念都有巨大威力，需要我们细嚼慢咽，持续领悟。

为期三天的封闭式学习，让我真正感受到了一次身心升华的力量——正念、利他。**正念就是要有正确的价值取向，正确的念头；利他就是不断地去帮助别人。**当你心中充满爱，你才会拥有更多爱，才会被爱包围。

以前的我，只知道一心拼命往前冲，不懂得处理跟家人的关系，嘴硬心软，不懂得表达爱，也不会好好说话，常常一开口就是吵架，所以跟家人的关系处得比较僵硬。上了依娜老师的课之后，我懂得了**父母是我们最大的恩田。**课程结束后，我马上就跟父母表达了"对不起，谢谢你，我爱你"。也是这一次上课，让我学会了更好地去感恩，更好地去表达爱。

在石上的这些日子，我不断地接触正心正念的思想，学会了慷慨待人。也确实是因为石上的产品都特别好，我会经常给身边的人送礼物，把好东西都分享给大家，渐渐地跟家人、朋友有了更多的连接，关系也变得更好。

这次课程结束后，我也默默地给自己列了一个目标：在2022年3月16日石上周年庆前要上联创，结果在2022年2月我就达成了目标。**所以人一定要有目标，因为有目标才有方向。**

感恩生命中的贵人，好运常在

在做买手期间，我遇到了我家小许。在我懈怠的时候，她总是鞭策我前进。我们一起努力赚钱，相互协作，相互扶持，在事业的道路上相依相伴。

2022 年 6 月，我去见了好久不见的在大学认识的好朋友——魏婷婷。在大学时，她给予了我很多的爱，是给过我光的女孩。她总是保护我，挡在我前面，不允许别人欺负我。一开始，我们也只是在路上碰到会打招呼的关系，到后来成了关系好到从外太空聊到内子宫都百无禁忌的好朋友。我们在大学毕业的时候就约定，不要只做大学四年的朋友。如今我们也做到了，即使大学毕业不在同一个城市，但是有什么好事情依然会想着对方。

还有我的大丘，我们是认识了十六年的好朋友，不管是我做买手还是做石上，她总是特别支持我，还会给我介绍各种客户。她们公司整个部门有一半以上的同事都在我的社群里。

人越长大，越能体会所有的志同道合，都是百里挑一的难得。感念这样的关系与功利无关，不会互相消耗，只会让彼此的世界变得越来越有意思。那次我见到她，她跟我说很喜欢我现在的状态，整个人变得更加自信、豁达、开朗、大方。她知道我之前总是因为很小的事情，很容易内耗，陷入自我怀疑。她说我很适合现在的工作，分享自己认可的事物，带人赚钱，这些都会让我很有成就感。我说，我也很喜欢创业之后自己的状态。

我也是在这一年里遇到了我的先生。**状态是一个人的风水，当你状态好的时候好像所有的好运都会朝你而来。**陈先生就是我理想中的伴侣，他总是事无大小地照顾生活白痴的我；在我心情低落的时候开导我；在我迷茫的时候用他的经验引领我；在我急躁的时候包容我。

我时常觉得自己太幸运了，每个时期都能遇到生命中的贵人。

没有停止过赚钱，才能想去就去看世界

我一直相信：快乐是免费的，但是想要一直快乐是需要付费的。只有自己赚钱，自己有底气，才能够自由自在，才能想去就去看世界。

我非常庆幸拥有我的好朋友们——人间水蜜桃组合——Gugu、诗诗和AK。我们见证了彼此生命中的重要时刻：毕业、结婚、生子。虽然生活在不同的城市，毕业后却约定每年一起去旅游，一起去看世界。

我们一起去了日本，在大阪疯狂购物，去了环球影城坐过山车，在京都清水寺拍照，在奈良喂小鹿。

我们还一起去了越南，冒着小雨漫步在芽庄街头，在路边吃瓦片烤肉；一起逛越南的超市；做了做过的最舒服的"马杀鸡"，第一次在按摩的时候睡着了；凌晨5点起床坐了六个小时的车去美奈沙漠拍照；去了越南珍珠岛，在台风天坐了世界上第

一长的跨海缆车。

我们一起去了上海，在零下的温度在国家会展中心（上海虹馆）看了刘聪（我们都喜欢的说唱歌手）的音乐节，看了安东尼的展，去了武康大楼，去了迪士尼。

我们一起去了成都，吃了一直很想吃的成都火锅；去了川西毕棚沟，在雪山下泡温泉；去了世界上最年轻的冰川——达古冰川，登顶海拔 4860 米，在"中国机长拍摄点"打卡，感受"缺氧但不缺信仰"；住进了很喜欢的民宿酒店嘎尔庄园，老板人特别好，因为同行的小伙伴生日，老板还贴心地准备了蛋糕，请我们喝了好喝的红酒，畅聊一整晚；入住木质调星空房，躺在床上抬头就能看到星星，早上起来能看到日照金山，体验别样的浪漫。

被事情推着走是最快的成长方式

王阳明先生晚年始终在强调一句话，叫"事上练"。他说："人须在事上磨，方能立得住，方能静亦定，动亦定。"当你持续做事，持续做成事，好的结果可以治愈你所有的敏感、自卑、内耗。

我以前也是非常"社恐"的一个人，如果让我上台发言，我会紧张得无法思考，但是现在的我能在团队开赋能会的时候脱稿分享了。

成功的女人不是天选的，而是自己选择了自己

希望每个女孩都能自信又谦卑，拼搏又松弛，外在柔和有趣，内在笃定有力量，用最温柔的声音，做最果敢的事情。

未完待续，我的 30 岁即将开始。你的呢?

成为闪闪发光的
女性领袖，
成为更好的自己！

蔡蔡

石上生活店长
10 年企业运营管理人
私域轻创业导师

30+ 女性职场破局关键：
趁早拥有这些成长型思维

我是蔡蔡，"85后"职场人，从事过传统外贸、医药、房地产行业，参与过亿级项目策划和执行。今年是我到深圳打拼的第四年，也是我加入石上的第三年，现在我是石上生活联合创始人。

从顺遂到失利，我才懂原来人生充满变数

我从小就是"别人家的小孩"，好像总是很轻松就能拿到全班第一，父母从来没有操心过我的学业。

我的父母做的是小生意，把期望都寄托在下一代身上，望女成凤是他们最朴实的心愿。

如果没有意外，我会在父母的期许下，在镇上读完小学、中学，考上一所还不错的大学，去做老师或者考公务员，端个"铁饭碗"，结婚生子度过一生。

然而，预想的生活轨道在中考时出现偏离，我以全校第一的

成绩被市一中录取。高中三年背井离乡，举目无亲，我完全不适应寄宿生活，成绩也一降再降。

高考时勉强保住重本线的我，与理想中的大学失之交臂，上了一所二本院校，入学后还哭着给父母打电话说要复读。

高考成了我人生中深深的一道坎，我在懊悔中平平淡淡地度过了四年大学时光，完全不知道未来何去何从。

这个阶段我对人生没有任何规划，全然生活在别人期待的框架里，一旦偏离舒适区就浑身不自在。那时我不懂，人生是自己过的，只有自己才能对自己百分百负责。

月薪 1800 元，我在痛苦迷茫中觉醒

临近毕业，我被一家世界 500 强企业录取了，却在报到前被放了鸽子，我心急如焚地重新参加了无数场招聘会。苦熬了几个月，我才勉强进入了一家省属国企，让父母稍稍放心。

可他们不知道的是，我的月薪才 1800 元，一个人在广州生活，需要用这微薄的工资解决吃饭、住宿、交通、社交等。为了省钱，我住在城中村，每天坐公交车上下班通勤需要三个小时。

毕业后我不再从家里拿钱，为了补贴家用，我周末还做起了兼职。在某次我交完房租、水电费身无分文的时候，得知同学在银行半年的奖金是我一年的工资，我痛哭了一场。

我不甘心，我的价值一定不是 1800 元！年少时期不服输的劲

儿重燃起来了：我要在这个城市扎根，我要有自己的房子，一份体面的收入，一份真正的事业！

人生的觉醒，潜藏在一次次的打击和痛苦里，有人沉沦了，而我选择痛定思痛，决心改变。在年轻的时候遇到挫折是值得庆幸的，因为我们还有很多时间去弥补、去行动。

奋起直追，我掌握了职场进阶密码

于是我努力勤奋，兢兢业业，在工作第四年终于获得机会，从业务岗转到管理岗。我掌握了公司核心的经营数据，撰写每个月的经营分析报告、季度年度汇报材料，做百万、千万级的项目申报，得到了公司和集团领导的认可，每年都是公司的优秀员工。那段时间，我常常是最后一个离开公司的人。终于，我从秘书做到办公室主任，成了公司最年轻的中层。

但这种成就感并没有维持多久，因为我依然在这个城市一无所有，除了改善了居住环境，工资增加了一些外，我的危机感又浮出水面：这是我目前在公司的职位天花板，总助、副总得是工作几十年的老领导才有资格竞聘。我真的要在这样日复一日、毫无创造性的工作中，再等几十年才能有一次新的变化吗？

再三思虑之后，我选择了考研，一方面就读理想中的大学，了却当年高考的遗憾；另一方面为未来积蓄能量。

想要更多，就要付出更多，付出不亚于任何人的努力。至少

在职场上，我们必须比同事多想一点、多做一点，升职加薪才会轮到你头上。未来不会自动变好，它掌握在我们每一天的努力中。

30+ 再出发，我决心换一种活法

工作的那几年，我从事的传统外贸行业逐渐走下坡路，从业务到管理再到激励机制都跟不上时代的发展。虽然我很感激集团和公司把我从职场小白培养到管理层，但我还是决定勇敢一回。

31 岁那年，我不顾公司领导的挽留和家人的不解，坚决辞职了，重新接受社会的检验。面试官对我的简历很满意，但总是会问我：有对象了吗？近期有没有结婚或者生育的打算？我很明白这些问题背后的潜台词，并再一次感受到了女性职场天花板的限制。

后来，我换了行业赛道，做过上市公司的总裁助理，参与过亿级项目的申报和开发；去过世界 500 强企业做"螺丝钉"，感受过行业的快速发展。这个过程中我的薪资涨了好几倍，并如愿以偿地在广州拥有了自己的小房子，后来又置换成了大房子，终于有了扎根的感觉。

我也有时间去复盘前几年的职场经历了：如果一个人在职场上的职位和成就是有限的，那我有没有别的可能性去增加收入、拓展我人生的价值呢？

带着这个问题，2018 年，我第一次接触了知识付费，花了五位数的学费去学习、去破圈，去深圳参加培训和线下活动，看到很多"90后"创业者的自信美好，了解到原来人生还有这么多种精彩的活法。

从此我打开了新世界的大门，并在一次热情测试中找到自己热爱的事：我要成为闪闪发光的女性领袖，我要分享自己的成长故事，我要出版书籍、开签售会，我要成为更多人的榜样！这些画面让我热血沸腾，我终于觉得自己的人生有了更高的追求。

于是我也开始尝试在职场八小时之外去学习、培训、咨询，做线上创业，做社群运营，不断探索自己热爱和擅长的事。

然而2020年，全世界突然停摆的时候，我身处彼时鼎盛而今低迷的房地产领域，体验到在历史洪流面前一个个体深深的无力感。我选择了休息，并思考接下来的发展。

2020年5月，我得到了去深圳工作的机会，毫不犹豫地接受了工作邀约。因为换了城市，我花了三天时间看房、租房、搬家，一气呵成，把广州的房子出租出去，来到深圳重启我的30+。

未雨绸缪、执行力强是我的优点，想买房那就好好存钱，想学习那就去付费，想改变就换个方式生活。如果没有为梦想付出时间、精力和金钱，那就不算真的努力过。

遇见石上，我实现主业副业双丰收

我对新生活充满期待，除了人际关系变得更简单、家里人对我的终身大事更加操心之外，一切安好。但2020年年底，房地产行业越来越不景气，大规模的裁员降薪开始了。

我又开始迷茫，难道我要通过一次又一次换行业、换公司，才能获得短暂的安稳吗？

有没有哪些确定性的东西，可以让我在各种社会经济形势变化的时候，平稳地穿越周期？后来，我知道了我追求的这种确定性叫作终身成长。

2021年年初，在个人成长导师 Mia 的推荐下，我接触了石上生活，在职场低谷的我被石上重新点燃了。

"成为闪闪发光的女性领袖"，这个画面又一次浮现在我眼前，我深信石上会带给我、带给更多女性破局的机会，不受时间、地点的限制，我们可以把石上生活的线上连锁店开到千家万户。

特别是当我看到学妹因为照顾家庭被迫离开自己得心应手的职场，看到工作了十几年的朋友月薪只有 5000 元，看到前同事因为投资失败而负债累累的时候，我知道太多人需要一个机会了。

2021年3月10日，我官宣石上事业，从零开始，最多的时候一天发了 40 多条朋友圈，废寝忘食地学习和实践。终于，我晋升为石上生活联合创始人，收获了千人团队和几百万的业绩，累积了一批对我无比信任的客户。

在经济下行的时候，石上生活的管道收入及时补充了我下滑的主业收入，每月五位数的进账，相当于我不用投资几百万就拥有了几套一线房产的租房收入。

同时，我带领更多团队成员实现月入四位数、五位数，看着她们跟我一样破圈成长，我觉得我离自己女性领袖的梦想更近了。

从去年开始，我在线下沙龙、线上直播、招商会等各种场合分享了我和石上的故事，激励着很多跟我一样梦想改变的女性。而我也经过这三年的积累，拥有了谁也拿不走的终身成长的能力。

石上也赋能了我的主业，我在职场更从容了，还成为公司的核心骨干，有机会参与公司的项目投资和分红。

回想我的成长之路，虽然磕磕碰碰，但也一步步实现了自己20岁时定下的目标：在一线城市扎根，有自己的房子，一份体面的收入，一份真正的事业。普通人不拼天赋，拼努力、拼专注，才能真正把握自己的人生。

最后，我总结出我的成长避坑指南送给大家：

▸ 不要活在别人的期待里，生活是自己的，早规划、早布局。

▸ 不是什么行业都有红利，选择很重要，选对行业赛道事半功倍。

▸ 不要心猿意马，做事业认准了就拼命干，头部才有更多资源和机会。

▸ 不要温水煮青蛙，没有所谓的稳定，保持思考，未雨绸缪。

▸ 不要害怕改变，破圈成长才能看到更多的可能性。

▸ 要向已取得成果的人学习。

我是蔡蔡，期待与你在石上生活相遇，一同成为更好的自己！

山上有灯，
灯下有人，
就一定有上山的路！

菜籽儿

石上生活店长
全职二宝妈妈
个人形象顾问

全职妈妈如何发光

人生的转折点，有时候只因一个怦然心动就开始了

2021年2月，只因看到了一个公式，我便怦然心动，申请加入了石上的内测群。而这次怦然心动，也让我从茫然开始踏上了我想要的美好生活的道路。

记得当时，在一个社群里看到钠钠分享的一个公式：

学习+赚钱+陪伴=美好生活

我当时就心跳加速了，激动不已！这不就是我想要的美好生活吗？

我是一位全职妈妈。全职妈妈的茫然、恐惧、没底气、无价值感、无安全感……相信很多全职宝妈都懂。

从职场回归家庭的前几年，我的内心一直都是茫然与恐惧的。整个人没有了上班时的那种冲劲与活力。虽说上班时很忙，也很累，但是解决一个又一个的问题时，也总会给自己带来价值感和成就感。而全职妈妈的生活就是一眼可以看到底，在自己的一亩

三分地里围绕着孩子转，常常会感到自己没有价值，甚至会有害怕与社会脱轨的恐惧感。就像宝妈们所说的，带孩子或许是幸福的，但不一定是快乐的，因为走着走着，就好像把自己走丢了。

庆幸的是，我们生活在这个时代，让我们可以在家带孩子的同时，也能借助互联网工具往外走。

我不想做井底之蛙，只能看到井口的那片天空，也不想所能看到的这片天空，就是我的全世界。因为空间小了，看到的问题就都是大的，会因为孩子的淘气而发脾气，会因为老公的一句话而生闷气，会因为一件小小的事而烦恼许久，我觉得这不是我想要的生活，也不是我喜欢的自己。

我想跳出来，我想去看看外面更大的世界。因为有孩子的牵绊，不方便过多参与线下活动，所以我就选择了线上学习。而学习只是一个开始，是向外走的开始。

最初，我只是想要学习育儿知识，成为一个更好的妈妈，后来我发现育儿还是要先育己，所以开始了各种自我成长的学习。就是在我学习的过程中，我有机会看到了钠钠要创办石上生活的分享。因为这次分享，我深深地喜欢上了这个女孩，也因为她分享的美好生活的公式，我没有过多考虑，直接加入了石上。正是这个公式给了我生活的方向，让我更加清晰地知道我想要的美好生活究竟是什么样的。

在石上两年多的时间，曾经茫然的我，借助于钠钠所说的美好生活公式，现在我活成了自己想要的样子，也深信往后会越来越好。

在石上，我实现了美好生活

在石上之前，我学习一些课程需要付很多学费，这些年我花在学习上面的费用真不少。而在石上，很多收费四位数或五位数的课程，都可免费学习。

在石上两年多的时间，我的成长和收获真的超越了过去好多年。**我经常说，在石上，我更学会了"做人"。**

比如：以前我是个舍不得给予的人，但在石上**"可给可不给时，就给；可多给可少给时，就多给"**的理念影响下，我也变得更慷慨了，时不时给身边的人送礼，也把每天的收入取出一部分用于送礼基金和捐款。我也因此慢慢发现，有能力给予更多，舍得给予更多，真的是件很开心的事。

同时，不管是我的认知能力、逻辑思维能力、沟通能力，还是表达能力，以及带团队的能力，都大大地提升了，这些都不是学习什么课程就能学到的，而是在学习的过程中，同时又有石上这个实践场让我不断地落地，不断地改善，从而不断地提升自己，让我变得更有价值，这是我一生的财富，谁也拿不走的财富。

在石上，我赚到了钱，我拥有了独立的经济能力！

像我这样做了近十年的全职妈妈，而且到了 35+ 的年龄，再去社会上找工作，真的很难。但在石上，我现在每月的收入，却是我之前工作时工资的好多倍。所以对于石上，我真的每一天都充满感恩。

说实话，有钱真的很好，拥有独立的经济能力真的很爽。虽然家里的经济不用我操心，但是"手心向上"的感觉真的不喜欢，花钱的那种感觉真的不一样。以前自己没收入时，想买件好一点的衣服都觉得不好意思，不是家里人会说，而是自己内心有点过意不去，可能就是有种不配得感吧。但是，拥有独立的经济能力后，看见喜欢的东西，不用很在乎价格，想给父母买什么，自己随时都可以买，还有能力去爱更多的人，比如送礼、捐款，都是让自己开心的事情，也让自己变得更加从容、有底气。

当你去索取时，能量自然是低的，但是当我们有能力去给予时，我们自然充满了自信。所以，我一直觉得，女人一定要有自己喜欢的事业，这样的我们有所爱、有所期待，也有更多的能力去爱人，这样的我们拥有美好的状态也很有幸福感。

在石上，我学会了陪伴，我有自由的时间来陪伴我爱的人！

我选择做全职妈妈，就是希望自己能给予孩子更多的陪伴与爱。因为我一直觉得，孩子喜欢我们抱他们，喜欢我们的亲密陪伴，而我们能够陪伴他们的时间也就这几年。等孩子慢慢长大了，有了自己的朋友圈，就是我们得慢慢放手的时候了，所以我一直特别珍惜陪伴他们的时光。

而石上让我能在学习、赚钱的同时，也能有很多的时间陪伴着他们长大，这真的是一件特别幸福的事情。不仅如此，我还有很多自由的时间，可以去做自己喜欢的事，比如插花、看书、健身，随时与闺密来场小约会，生活中拥有很多小美好。

在石上，我真的实现了当时令我怦然心动的美好生活：学习+

赚钱＋陪伴＝美好生活！我活成了我想要的美好模样。

很多宝妈可能会觉得，自己没什么人脉，没什么资源，没什么经验，太难了，做不好！

但我想说，我的人脉、资源、经验也没多少，即使在第一个月收入仅有 71 元时，我依然深信，我一定会越来越好。慢慢地，我的收入从两位数到三位数，到四位数，到第十个月时，我就开始月入五位数了。现在我的收入也是稳稳的五位数，没有特别多，但是作为全职妈妈我已很满足、很开心。

我如何从月入 71 元做到稳定月入五位数的呢？

热爱

对石上，我是打从心底喜欢与热爱的。记得当时第一次在石上买了个很好看的花瓶，收到时却碎了，而石上的售后方式是直接赔付了 15 元，还重新寄了个新的给我。我当时就想，这么有担当的平台，我跟定了。

而做石上从一开始就很省心，不用投资，不会给自己带来经济压力；不用囤货，不会给自己带来心理压力；不用发货，不会给自己体力与时间的压力；不用自己拍素材、出文案，就有很多美图与高质量的文案。而且石上的氛围是很有爱的，大家都是相互分享，互助共赢。我经常说，在石上的每一天真的都是被滋养的，所以我一直对石上充满感恩，也一直深信它会越来越好。

学习

在刚开始做石上时，我还是个小白，但我很愿意去学，所以当时每一期公司的赋能与优秀团长分享我都没错过，有的还重复看了几遍。我发现很多你遇到的卡点，都能够在别人的分享中找到突破的方法。而一个个卡点的突破，就是自己成长的过程，是提升各项能力的过程。

坚持

很多时候，真的不是我有多厉害，而是我足够坚持。我的性格不是那种轰轰烈烈的，但是我会一直按照自己的节奏不断前行。

我知道自己没有其他优秀团长所具有的多年的创业经验，但是我不怕，没有经验就从现在开始一点点积累。如果现在不去积累，那三年五载后，我依然是"小白"。

所以即使在第一个月只赚71元时，我依然不曾想过放弃，在后面几个月只赚几百、几千元时也没想过放弃，这才有了第十个月的收入达五位数的突破，而我也相信未来我还能有无限的可能性。如果当初在一个月只赚几十、几百元时就选择放弃的话，那我就不会有后来的提升。

很多时候，我们都要经历一个付出远远大于收获的积累过程，才有可能获得复利。我们所看到的别人拿到优秀成绩的背后，一定都有他们长时间默默地耕耘与付出。成功的路并不拥挤，因为能长期坚持的人并不多。

我走得不快，赚得也不算很多，但是作为一位全职宝妈，我拥有了经济独立的能力，拥有了给家人提供高品质生活的能力，拥有了面对生活不稳定的底气，拥有了更多的高质量陪伴孩子的快乐时光，拥有了随时想跟闺密约会小聚的自由，也成为更从容自信的自己。

真诚

我一直相信，真心换真心，真诚换信任。所以从建社群开始，我就很用心地去做好陪伴，坚持做一个有温度的社群，所以我的社群已经做了两年多了，依然充满了满满的人情味与烟火气。

在社群中，我一直是用美滋养大家，用女性成长赋能，用产品传递价值观，希望更多女孩跟着我一起拥有品位、理想和光芒。

一路走来，我原本平凡得不值一提，是石上给了我一束光。所以我才从一个普通甚至茫然自卑的全职妈妈，到现在可以落落大方、放松自信地分享我的故事。

山上有灯，灯下有人，就一定有上山的路！如今，我借助石上实现了当时让我怦然心动的美好生活，如此普通的我都能达到，相信你们只要前行，就能活成自己想要的美好模样！

从做石上开始，我就一直有个初心，把美好变成一种能力，让身边的人也变得越来越美好！至今，这个初心也一直没变。我也很开心，有越来越多的女孩，越来越多的宝妈因为看到我活出了自己想要的美好样子而有了方向与动力。

感恩钠钠的大爱，感恩石上的托举，让我这样普通的全职宝妈也能闪闪发光。希望这道光，能让所有的美好经由我传递给身边的每一个人。

成功就是一个
优胜劣汰的过程，
总会有人离开你，
也会有更合适的人来到
你身边。

蓝心

石上生活店长
外企项目经理
家庭教育讲师

人一定要做自己喜欢的事，
否则取得再大的成绩也没意思

2000 年是跨世纪的千禧年，当同学喊我去看烟花的时候，我在默默地准备高考。我毫无悬念地考上了一所理工科大学，对于学校和专业都是听从父母的安排，而我就像他们的一枚棋子，任由命运摆布。

当到了这所工业大学以后，我发现一切都是我不喜欢的，高等数学、大学物理、理论力学、机械原理，一门比一门枯燥，我的四年大学生活在无感中度过。大学毕业以后，父母更是按照他们的意愿给我找了一份不错的工作，我进入一家工业百强企业。这家企业在业内排名第一，多位国家领导人都曾经视察过。

我是一个无论喜欢不喜欢，只要到了岗位上就一定会把事情做好的人，这也是"80 后"的普遍共性。于是，我很快脱颖而出，做到了质量经理的职位，每天写英语、说英语、跟世界各地的工程师交流，享受着高薪高职的待遇，事业发展很顺利。数十年如一日，早八晚九、每周六天的加班，让我逐渐倦怠，作为部门领导，我还要每天保持"鸡血满满"的状态，但实际上我的内心早已起了波澜。

但是我没有辞职的勇气，明知道北上广等一线城市会有很好的发展，我的一些下级员工离职到外企以后，工作和收入都不错。而我上有老下有小，孩子刚刚上小学，为了稳定不得不做着重复又无趣的事。

2016 年，我取得了高级工程师职称。我其实不知道这个职称有什么用，但就像抓住了一根救命稻草一样，想着即便辞职创业不成功，有中科院硕士研究生的学历加上高级工程师职称，未来再找一份工作应该不难。就这样，我在没有任何目标的情况下就"裸辞"了。

赶上了风口，猪都能起飞

那时候微信用户暴增，所有人的关注点都在朋友圈、社群上，我也在微信中看到了女性崛起的趋势，看到了更广阔的世界。

以前上班的时候，我是企业兼职培训师。离职后正好赶上国家全面普及家庭教育，我自己的孩子也刚刚上小学，于是我很快转型成为一名家庭教育讲师。那两年，我独自一人飞遍全国各地，北京、上海、广州、新疆……都留下了我学习的足迹，学费花了上百万元。回到我所在的城市以后，我开始进校园、图书馆、培训机构，讲了无数场公益课，每周做线上直播分享，也结识了很多对育儿和个人成长都有需求的家长。然而理想和现实的差距还是很大，一年到头，我开课程收到的学费仅仅够支付工作室的房租，我自己等于零收入。

起初信心百倍的事业，没有收入，时间一长也会打退堂鼓。在我做家庭教育讲师遇到瓶颈的时候，发现了一款青少年学英语的产品。因为我做讲师的时候结识了很多家长，他们都很认可我传播的家庭教育思想理念，当我的孩子开始用这个学习产品的时候，咨询不断。就这样，我从一个销售"小白"被动成为这款学习机的经销商，在非常短的时间里零售出去上百台。

这时候，我意识到这可能是一个商机。于是在 2019 年，仅靠一款单品，我一个人通过朋友圈，靠批发和零售实现了年营收 1000 万元，也有了人生中第一个 100 万元的存款。现在再回头看，真的应了那句话：**赶上了风口，猪都能起飞。**

盲目自信导致我再次失败

其实是撞上了风口，我却误以为自己能力很强。

2020 年，因现实原因，我关闭了家庭教育工作室，也关闭了几个出售学习机的线下门店。

2021 年，我投资了看起来不错的微商项目。那时我天真地认为，以前卖学习机的时候每个月进货 100 多万元，现在一次性投资到微商最高级别才几十万元，不费吹灰之力就卖完了。

然而事与愿违，我和我的代理商们刚刚进货，整个微商团队就被迫宣布解散，不再经营。而我跟公司只有进货合同，没有任何退货的可能。我们自己硬着头皮各种尝试，经常一个月下来连一分钱都收不到。巨额囤货，大量积压，是这个时期微商的普遍状态。我在上一个生意里赚到的钱，就这样轻而易举地赔光了。

这时，我对线上创业深感绝望，打算重操旧业，继续代理另一个品牌的学习机。这次我选定了一个成熟的上市公司，一轮又一轮谈判下来，过五关斩六将，终于拿到了省代资格。这时候到了 2021 年年底。跨越了 2022 年春节，由于跨年度，合作方更改了全国的代理制度。不仅准入门槛有很大提高，而且要求我在未招商的情况下一个人在全省迅速开起十家以上的线下门店，粗略计算一次性投资需要几百万元。

正当我一筹莫展，犹豫着是否进一步合作的时候，现实情况又给了我更大的打击，实体店经营愈发艰难，再贸然投资的话，风险巨大，可能投入进去的几百万元瞬间就会打了水漂，并且还要面临每个月销售考核的压力。

线上做微商受挫，积压了几十万元的货卖不出去。线下实体又是寒冬，不能正常营业，而且线下商场人流量极少，获客成本大。我陷入了低谷。

好在天无绝人之路，在我没有合适的项目也没有资金再次起盘的时候，我遇到了石上生活社群团购。有了前两次线上创业的经验，这次我比较慎重。起初我在一个几百人的小范围社群里分享，当大家听了我对市场和经济形势的分析，又认定我可以带领她们一起创业的时候，第一天就有 100 多人要跟我一起干。

正是这股强大的使命感让我对这件事认真起来，后来在短短两三个月时间里，我就升级为石上生活的最高级别联创，每个月的净利润收入比上班时的工资还要高，而且不用投资一分钱。

在经历了自由讲师只有付出、没有收入和高风险、高投资的线上项目以后，我倍加珍惜石上生活社群团购这份事业。当初从企业离职的时候，向往自由的生活，结果做讲师时一个人活成了一个团队，招募生源、做海报、写文案、摄影、合作洽谈、讲课都是我一个人，听起来光鲜亮丽的职业却收入微薄。后来做线上零售投资大、风险大，一不小心就赔本。现在经营石上生活社群团购，只需要把自己日常生活中用到的好物分享给身边的朋友，不需要太多知识积累，更不用投资，就可以足不出户过上时间、财富自由的生活。

现在我每天在家里照顾孩子，打理家务，用做团购的收入买了一套有花园的房子，每天坐在院子里晒太阳、养花、喝茶，一部手机就可以完成所有工作，真正实现了理想与现实生活的平衡，过上了我向往的生活。

自由职业七年，我想给和我一样有梦想又不知该如何起步的人一些建议

我之所以能取得一些成绩，关键是因为我目标感强，不会轻易放弃。我的创业之路也不是一帆风顺的，也有被误解、被疏离甚至被背叛的时刻，但是只要自己坚定信念，一定会遇到对的人，

也能很快组建新团队。**成功就是一个优胜劣汰的过程，总会有人离开你，也会有更合适的人来到你身边。**

要能耐得住寂寞，做任何一件事之前理性考察，不盲目跟风，一旦选定就坚持下去，成功之前都是过程。相信自己能够做到。

不要轻易辞职，不要冲动，世界这么大，你想去看看，没有钱怎么去看？而且辞职以后如果没有事情做，寂寞难耐的滋味不好受。如果你有创业的打算，可以到你喜欢的行业里去学习，不计较薪酬回报，先去积累经验，就当是带薪培训。

我们都爱自由，自由的前提是自律。我在刚刚辞职开始做讲师的时候，就租了工作室，效率比在家办公高得多。跟我一起学习也想当讲师的那些人，多半又回到了原来的轨迹，不是回去上班就是在家带娃，理想逐渐被现实磨灭。而我有了自己的独立工作室，除了办公环境更好，也看起来更加职业化，这样招生洽谈起来，可以给对方更高的可信度。

如果有同频的伙伴一起就更好，可以互相监督，一个人，尤其是女性创业者，容易半途而废，两三个人组成一个小组合也是不错的选择。

要做有收入、有产出、能变现的事，很多事看起来很好，但你也要考虑自己的实际问题。刚刚起步切忌做高额投资的事，可以在多个领域里尝试，但不要一次性投资过多，警惕陷阱。

不要轻易凭自己的感觉判断一个行业，比如我大学毕业后的第一份工作，那时候认为传统的机械制造没有前途，现在见识得多了，才清楚那是能源领域基础配套产业，前景非常好，难怪那时候工资比较高。后来辞职以后我想开花店，想开咖啡馆，想开奶茶店，只是觉得美好，不懂商业经营的话千万不要盲目投资。

有些看起来简单的工作其实也大有学问，比如我现在经营的团购，很多人觉得特别简单，看不上，其实真的投入其中才知道也不是那么简单。这份工作可以接触很多不一样的人，每天要分享各种生活用品，也是很好的学习机会，既增长见识又有不错的收入，是自由职业很好的选择。

过往经历皆财富，如果没有我在企业里积累的十几年工作经验，可能辞职出来做讲师、带团队也不会这么顺利。如果没有跟外商交流十几年积累的英语基础，我可能也无法在英语学习机项目上赚上百万元。现在经营的石上团购与生活方方面面都很贴近，是很有意义的工作，也没有浪费我过往的经验。

我这十年的经历，归结起来也是中产女性回归家庭的缩影。从事自己不喜欢的职业又向往自由，也是很大一部分女性的状态。我们可以欣喜地看到，越来越多的女性正在把自己的兴趣爱好转变成事业。

我很鼓励和我一样有梦想的人修炼成长型思维，大胆尝试，不要放弃，终有一天，你会看到努力的成果。

内修心，
外修金，
和一群人一起实现
富而喜悦。

唐唐

石上生活店长
财富流认证教练
正念实修传播者

在石上，遇见 30 岁
有"松弛感"的自己

得知有幸参与石上生活的书稿共创时，我一直在思索该写点什么，最后我选择了第一次在石上百人沙龙中演讲的主题——《在石上，遇见 30 岁有"松弛感"的自己》。

"松弛感"这个词，这几年一直很火。松弛，不是松散、松垮，而是真正进入心流之后，身心的轻安自在。我很感恩石上，让我慢慢找到了这种自洽的人生状态。

"使命""愿景"的种子被种下

今年是我工作的第八年。我毕业后的第一份工作，是在几家头部公司共同发起的公益项目"互联网大篷车"中负责媒体公关，我们记录中国实体产业的互联网化转型，通过组织论坛，邀请了许多极富创新思维、心怀产业梦想的企业家分享自己的转型经验，同时拍摄了许多实体企业家的纪录片。

　　我记得当时在采访田园东方创始人张诚时，我问他，为什么您会做美丽乡村建设？他说，因为我很喜欢乡土，也很希望这样的环境能被更好地保护。我还记得，那天的天气很好，在那间采访室外的水蜜桃的田野间，农民在开心地播种，张诚眼神里的真诚、纯粹、笃定……让我备受触动。

　　迄今我对这段从业经历依旧心怀感恩，它像是一双观世界的眼睛，带着初出茅庐的我，走遍了祖国各地，遇见各行各业优秀的企业家，接触了许多高维思维。也是这段经历，把"使命""愿景"这些种子在我心中慢慢种下，我开始思考我的人生应该做点什么有意义的事呢？看了世界之后，我是不是也该去创造一个自己心仪的世界？

自由职业背后，理想与现实的巨大鸿沟

　　当时我特别喜欢瑜伽，我想去做瑜伽行业，既然懂瑜伽，也懂宣传，那就去做瑜伽的课程内容策划好了。所以在"看了两年世界"后，我开始了自由职业之旅，与一家线上瑜伽平台合作，负责平台的内容策划。因为线上办公，不需要坐班，我从上海搬回老家，开始居家自由办公，也开始了一段极其跌宕起伏的心路之旅。

很多人向往的自由职业的"自由"，成了我失控的根由

不同于在企业上班，自由职业的所有工作目标都需要自己去设定，工资得自己给自己发。以前的同学也大多不在老家，我当时的生活中没有什么交际。而且因为工作变成线上为主，作为一个本身就偏内向的"I"人（根据 MBTI 测试测定），我生活中的社交几乎降为零。曾经以为会很自由美好的工作，却和想象中不一样，时间确实自由了，可内心好像一点也不自由。

我像是一棵被拔苗助长起来的苗，认知提高了，但能力没跟上，又找不到吸收养分的土壤，一度非常焦虑、挫败、迷茫，也因此消磨了很多热情。

尤其是看着身边好多人事业都已经小有成果，我问自己，这样的选择是不是错了？那要重新开始吗？可是重新开始的代价，自己能够承受吗？直到有一次和前同事通电话，她说最近要负责一个区块链的项目，我问这是什么，听都没听过。这种想法突然给了我一种警醒：这种相对"自我封闭"的日子，让我好像与世界脱节了。

从之前那个带着前沿思维看世界的状态，到突然看不懂世界，成了我下定决心转变的开始。

我用了一段时间调整自己，去健身、旅游、潜水，和以前的朋友交流，在这个过程中慢慢找回了一点身心的活力，也适逢一个朋友的项目需要到厦门拓展市场的契机，我回到了实习时所在

的城市——厦门。

在此也很感谢我的家人，他们一直都是我最坚实的后盾。虽然爸妈内心也很希望我在本地发展，但当我提出想再次去外地闯一闯时，他们仍然尊重了我的选择，并给了我很大支持。

想不通的时候，就去学习吧

都说"树挪死，人挪活"，到厦门之后，我的生活状态、人际关系开始有了变化，也结缘了很多在身心成长、智慧文化上很有经验的老师，我开始大量了解心理学、教练技术、国学文化，考了财富流沙盘认证教练，日常通过沙盘带伙伴探索自己的财富模式、人生蓝图、向内觉察，给企业做沙盘培训、团建。曾经被种下的"使命""愿景"的种子好像又活过来了，而那些灰暗、理想破灭、事业跌宕的经历也变成了经验，成为生命中的恩典。

这个时候，相识多年的朋友多多找到我，她说："唐唐，我现在在做石上，这是刚起盘的一个项目，创始人特别优秀，踩中了当下的红利趋势，里面有精选的生活好物，还有女性的教育赋能，推荐你一起来。"

卖东西？对于过往从事公益项目、媒体策划行业的我，完全没有一线销售经验，所以我回绝了这份邀请，但因为是多年好友，也很相信她的眼光和推荐，所以我也会在社群里"潜潜水"，买买日常所需，惊喜的是收到的东西品质一直都很不错。

　　转机发生在 2021 年年末，身边刚好有一位宝妈朋友花花想找一份能兼顾家庭和事业且时间自由的工作，我就推荐了石上给她。我们一起去了项目发布会现场，细节记不太多，但是里面有很多又美又爱笑的女孩，很让人欢喜。创始团队的彪哥也在，他负责公司的选品，那时石上项目还处于初期阶段，面对很多现场的质疑、提问，他一直非常耐心、专业地给予回应，没有技巧，没有虚与委蛇，只有真诚和担当。

　　而那种真诚、担当，很像我以前采访的那些企业家们，朴实无华，却又纯粹、笃定得让人敬佩。当天我从消费者变成了石上分享者，这个决定并非理性思考各方面后的选择，而是一种近乎直觉的决定。靠着这份直觉，我选择了加入石上。花花在了解完后也觉得不错，成了我的第一位石上伙伴，我们并肩作战至今。

内修心，外修金，和一群人一起实现富而喜悦

　　石上之旅总体来说还是比较顺遂的，可能因为我一直在持续学习成长，平时也很喜欢分享自己的生活感悟，过去的工作也积累了些文字功底，我很快吸引了一波朋友咨询，稳中有进地开启了分享。

　　今年参加深圳赋能会于我又是一次很大的转折点。会上听到创始人钠钠说，我们生活在和平年代，没有经历战乱炮火，真的很幸福。国家兴亡，匹夫有责，作为石上的团长，我们不仅要看

到这是踩中红利的好项目，更要看到这是能够支持更多人就业、更多家庭更好生活的利他事业。这是我第一次如此近距离感受到同为"90后"，我们起心动念上的差距。

当天晚上，我们还进行了一场堪称生命之旅的冥想探索，体验了什么是梦想破碎的声音。团队伙伴丽宏说，这场体验，让她重新活了一次，她决心要帮助更多的人一起过上更好的生活。

近距离跟随一个有大愿的团队是十分幸福的，慢慢地，自己的动机被提高，销售不再只是为了利益，而是为了利他；事业不再只是工作，也是热爱、是责任、是使命。

我的社群叫"唐唐的富而喜悦花园"，"富而喜悦"也是我对于理想生活的定义，既要能为自己搭建起被动收入的管道，生活富足，也要内心喜乐。钠钠想带1000万女性实现每月增加2000元收入的梦想，那我就先带1000人去实现，不仅要赚到财富，还要开心地赚，去实现内修心，外修金。

个体创业中最容易心力不济，但石上一直在做的不仅是团购，更是深度陪伴的个人成长赋能，让我们有力量面对种种挑战。最近团队伙伴予壹要去异地发展，走的前一晚聚会聊天，聊着聊着突然发现，我们团队的伙伴是如此相似，每个人都或多或少走在向内觉察的路上，纯粹、赤诚、心怀美好理想，遇到挑战时总是互相支持鼓励，**大家不仅仅是希望赚到财富，更希望做一份能让人向上向善、创造更多社会价值的事业，希望成为更好的人。**

前方有着大愿担当的创始团队，身边有着志同道合的同行伙伴，多年前因为能力跟不上认知，被拔起来的那棵苗，又一次回到了肥沃的土壤，过往的种种经历、经验，像是拼图般，一点点在石上的土壤里汇成一幅完整的画。

我们常说，在石上的工作很充实，很欢喜。在这里，大家努力是因为心里有了志向，自信是因为在不断做事、成事中积累了智慧，感恩是因为总是在被一群人无条件地爱着、支持着。在这样的心流里，也对未来越发笃信，慢慢活出松弛自洽的人生状态。

在这里，我看到了世界的美好，生命的滚烫。回想多年前在水蜜桃田野间那次采访拍摄时，看到的真诚、纯粹、笃定的眼神，原来有一天，我们也可以活成像他们一样的人。

我的愿景很大，
就是坚定地带领一群人
过上眼里有光、
口袋里有钱、
心中有爱的生活。

小婉

石上生活店长
新零售创业 5 年
破圈达人
旅游达人

走出自我设限，你也可以闪闪发光

亲爱的朋友，你好呀，我是小婉，一个土生土长的潮汕女孩。我生长在一个幸福美满的五口之家，从小被爸爸妈妈保护得很好，没有过物质上的忧虑，想要什么都能满足，小时候没有体验过生活的苦，过得很快乐。而且我长着一张看起来很稚嫩的娃娃脸，就算现在已经 30 多岁，还是经常被很多人误以为是刚刚读大学的学生。

从小到大，我不是很出众也不是很差劲，平平无奇，是大家口中的乖乖女，不敢拒绝，不敢要求，不敢表现，但其实有一颗不服输的心，在慢慢发芽、长大。

我小学时的成绩平平无奇，每次做奥数题就发蒙，我甚至怀疑自己的智商是不是有问题。到了初中我才开窍，开始有了不错的成绩，并考上了全市前三的高中。高考发挥失常，上了一所"二A"学校，但我的内心是很不服输的。在我看了一本书——《读大学，究竟读什么》后，我找到了可以证明自己不差的目标。于是，我和一位中山大学的朋友打赌，大一我要拿奖学金，我要做最出头的那一个。以前从没当过班干部的我，在大一军训第一晚就主动介绍自己，很快就成了班里最积极的那个人。我每年都拿奖学金，每年都当学生干部，从班长、团支书再到学生会副主席，好像都没有很费力气，就拿到了很好的结果。回想起来，似乎这四年的经历好像挺让我骄傲自豪的，我看起来也是一个闪闪发光的人，连毕业找工作，也很快就找到了自己满意的。但实际上，是这样的吗？

那个时候的我，从来没有想过自己真正喜欢的、真正想要做的是什么，只是因为有一颗不服输的心，看到别人有，我也想有而已；也从没有过全力以赴地去做一件事，依旧害怕失败、害怕不稳定、害怕太累，做什么事情都会给自己留后路，一直待在舒适区里，不肯迈出那一步。

于是，在我第一份工作比较忙、比较累的时候，家人看我太累，就催我去考公务员。我没有想过要坚持下来，直接"裸辞"回家备考公务员，准备了半年，没想到连笔试都没通过，这件事对我的打击很大。毕竟我大学同学有三分之一的人都考上了公务员，而我在学习方面也不输别人，可我"裸辞"备考却没有考上。在这样不停地自我否定中，我开始"摆烂"，开始自暴自弃。我随便找了一份工作，收入远远比不上第一份工作。我开始抱怨生活无趣，抱怨收入太低，抱怨男朋友对我不够好。慢慢地，就连我的感情也出现了问题。在一天天的争吵中，我结束了认认真真谈了三年的恋爱。这次分手，又给我带来二重打击，原来两人已经到了要谈婚论嫁的地步，却分道扬镳，连好好说再见都没能做到。那个时候的我，眼里无光，口袋里没钱，心里没有爱，很多朋友都跟我说，我不像大学时那样闪闪发光了，整个人的状态很差。这个时期可以说是我人生中最黯淡无光的时候，这个时候的我活成了自己最讨厌的人。

直到我的闺密实在不忍心看我这样，她说："小婉，我带你出去散散心吧。"于是，我跟着她参加了一个品牌的线下活动。经过这次活动，我才发现我真的闭塞了好久，心封闭了好久，**原来走出来的人都是这么闪闪发光的。**

于是，我开启了我人生中第一次创业，并取得了成功，积累了第一批粉丝，有了一点积蓄，在广州也有了属于自己的小房子，日子过得还挺舒服。我第一次感受到了"搞钱"的快乐，眼里也开始有光了。如果我没开始创业，我也许还是一直过着朝九晚六的生活，朋友圈也只有同事和以前的同学，每天可能只是说着家长里短，不知道外面的世界有多精彩。

直到 2020 年，我逐渐发现了原来品牌的弊端，于是我考察了几个平台，发现石上生活这个平台很特别，它花了很多时间和精力做教育赋能，而且每月、每周、每天都在做，这跟其他团购平台很不一样。很多团购平台只想让团长帮平台多出一点货，而石上却没有，石上一直在很用心地为用户和团长赋能。我开始对石上感兴趣，开始认真听石上每周的赋能直播，开始学习石上的线上和线下课程。我发现我在不知不觉中从一个爱抱怨公司、抱怨生活的人，变成了一个不抱怨而且懂得感恩的人；从一个动不动就提出各种质疑的人，变成了一个试着相信他人的纯粹的人。

因为石上的价值观是**"可给可不给的时候，就给；可多给可少给的时候，就多给"**。在这样的价值观的影响下，我在售后方面可以非常放心。这个理念也帮助我吸引了很多忠实的客户。记得有一次，我的客户花1元钱秒杀了价值几十元的面包，却由于她把收件地址写错了，快递一直派送不出去，结果面包过期了。我在得知这个消息后，马上跟客服反馈，结果客服直接补发了一箱刚刚生产的新鲜面包给客户，我的客户都惊呆了：还能有这么好的服务！因为毕竟不是平台的问题导致面包过期。但是对于这类问题，石上都会主动承担责任，可以给或者可以不给的时候，石上永远是会主动给的那一个，而我也在一次次的售后中被石上的大格局和价值观所感动和影响。

所以，感恩的种子在每次非常完美的售后中种下了。在这样的文化熏陶下的我，也越来越懂得去感恩平台，感恩所有。我身上的很多"棱角"也在慢慢被磨平，不再像以前一样浑身带刺，遇事先质疑，而是会去倾听和相信了。

和石上"谈恋爱"只有三年时间，但这三年是我创业以来收获最大的三年。这三年，我一路成长，一路"打怪升级"，甚至找到了我一生热爱的事业。

开启石上事业的第一年，我因为认真"种草"了石上的选品，收获了一批很忠实的用户粉丝。当很多人跟我说，石上的选品很好，可以"闭眼入"，可以很放心地相信我、相信石上的时候，我无比开心，这不仅是在肯定石上，更是在肯定我的选择。

开启石上的第二年，我因为传播了石上的文化，收获了一群志同道合的伙伴。选择我的合作伙伴，都是一群有着正能量的人，一群不抱怨公司、认真做事业的理性创业者，而不是那种一遇到问题就只会把责任都推卸出去的人。是石上的文化，帮我筛选掉不适合的合作伙伴，留下了最合适的战友。

开启石上的第三年，我第一次真正找到了我人生中热爱的事业。我发现我自己是一个很热爱分享的人，每次分享都能让我被更多人看到，被更多人肯定和点赞，我自己也在收获快乐和成就感，越分享越快乐，而石上正好提供了很好的平台让我来发挥自己的价值。而且，当我发现我能帮助一些人无压力地实现月入几千甚至过万的小梦想时，我超级有成就感。我意识到这才是我真正热爱的事业，是值得我一生去追求的事业。

于是，我在 2023 年 5 月立下了一个大愿，我要在十年内帮助 2000 人通过零风险创业轻松实现月入过万的小愿望，帮助 10 万人在 2 分钟内低价买到高品质的好物，从而腾出更多的时间做更有意义的事。**我的愿景很大，就是坚定地带领一群人过上眼里有光、口袋里有钱、心中有爱的生活。**

如果我没有开始线上创业，也许我现在还是一个朝九晚五、拿着死工资的普通上班族，过着没有盼头的日子，少了很多底气；如果我没有遇到石上，也许我一直都找不到适合而且热爱的事业，也许我到了三十而立、四十不惑的年纪，依然不知道自己要做什么，依然很迷茫，对人生没有清晰的规划；如果我没有立下大愿，也许我一直都会活在自己的小世界里，永远想的都是自己的利益得失，也不会找到自己的人生价值所在，不知道人生还有第二、第三、第四、第 N 种活法……

我以前总以为自己是一个很普通的人，也以为自己这辈子将会在平凡中度过，没想到现在的我也可以是一个发光体，能点亮自己，也能点亮更多人，影响更多人的人生，这个世界也因为我的存在而更加美好。所以，永远不要给自己设限，永远要怀着一颗赤子之心，去相信这个世界，去爱这个世界，把自己活得闪闪发光，你也一定可以成为人群中耀眼的那颗明珠。

未来的路还很长，我的故事一定会更精彩！

生活的真相从来都是，
不是每个人都拥有
最好的一切，
而是有的人有能力去
把一切都变成最好的！

朱瑶

石上生活店长
金融软件行业总监
新商业女性 IP 领袖

你也可以活成自己想要的美好模样

一直很喜欢一段话：**你相信什么就能成为什么。**因为世界上最可怕的两个词，一个叫认真，一个叫执着，**认真的人改变自己，执着的人改变命运。**

从小我就相信自己生来不凡，所以，这一路走来，我靠着自己的信念，自己的认真、执着，造就了今天的自己。我从一个普通的本科毕业的农村女孩，在经历和北大博士高甜恋爱七年后结婚生子，在成都白手起家，买车买房，工作稳定，如今成为石上联合创始人，社群百万营业额！

我出生在四川省南充市嘉陵区，我家所在的县是全国一百个贫困县之一，我从小就面对着高高的山，对外面的世界一无所知。很多和我同龄的"90后"都不敢相信，我的童年能干那么多事：上山下田，插秧苗，打谷子，掰玉米，种麦子，割草喂牛、喂马、喂猪，你能想到的农活我都会干，除此之外，还要做饭洗衣，帮忙照顾家里。

父母是庄稼人，一开始做点小本生意，由于亏本导致经营不下去，不得不外出打工。就这样，8 岁的我和不到 6 岁的妹妹成了留守儿童，我们跟着爷爷奶奶生活。爷爷奶奶年事已高，我每天清晨五点多，就要起床自己生火做早饭；即便是在寒冷的冬天，每周末也要手洗一家人的衣服，每年冬天手上都会长满冻疮，天气一热，又会疼痒难耐，经常两个手肿得像馒头似的。那些年，我很怕伸出手给别人看。

但我从来没有抱怨命运，反而无比感恩那些经历。**生活的真相从来都是，不是每个人都拥有最好的一切，而是有的人有能力去把一切都变成最好的！**

我也会抓住每一次命运的垂青和改变自己处境的机会。在我还在农村读初二的时候，我的班主任苏老师跟我说，她要停薪留职，去深圳看看，因为再不出去闯闯，可能一辈子就只能这样了。

苏老师的这段话让我触动无比。我当时就在想，如果我再不走出去，是不是一辈子也就这样了？我要做我自己的救世主，这样我的人生才会有出路。

那时我读的初中学校，每年能考上重点高中的人全年级也就一两个，虽然我的成绩在年级里数一数二，可是农村的教学质量终究是赶不上城里，分数也会有差别。于是我让爸爸妈妈想办法把我转学到城里，可是中途转学太难了，爸爸妈妈在外打工也没有什么人脉，我只能自己想办法。

记得当时，我提着一袋水果，就去找李老师帮忙，李老师一直觉得我很努力、很用功，被我想要改变自己命运的信念打动，他竟然真的答应了我，帮我和我的闺密转学到了市区一所还不错的学校。从此，命运的齿轮也开始转动。我上了这所初中，也顺利考上了这所学校的高中部。

经过这件事，我明白：当你内心有足够的渴望，有相信自己一定行的信念，那你一定能创造出自己想要的结果。**一个人内心的想法会激励自己的做法，而自己的做法直接决定自己的活法。**

生活不会永远遂人意，在重点高中学习三年，我却没能如愿考上理想的大学。痛定思痛后，我决定复读，复读那年我的高考分数，比前一年涨了一百多分。之后，我去了一所本科院校，学校不是 985，也不是 211，所以我知道自己要更加努力。

一上大学，我就去争取了班长职务，也竞选了学生会主席助理，大学期间，我成功举办了很多校园活动，并为举办活动拉了不少赞助。在业余时间，我还做了很多兼职。可是，我发现自己的圈子依然很有限，我意识到想要破圈，必须自己主动寻求改变。

那时人人网还比较流行，我在人人网上加了很多高中校友，并主动加了一些清华、北大等各个高校的优秀学长。通过网络，我还认识了我的北大博士老公——周先生，并与他相识、相知、相爱。

我欣赏他的睿智、才华、踏实、努力，他欣赏我的热情、外向、豁达、独立，我们有很多共同的语言和爱好。我们陪伴了彼此最珍贵的校园青春岁月，五年的异地恋，我们给足了彼此信任和空间，也一起经历了特别多美好且难忘的回忆。我们一起去看祖国的大好河山，也一起在欧洲自驾蜜月旅行。他带我见识了更宽广的世界，让我看到了人生更多的可能性。

其实，人生的每一次选择，都是如此相似。**你相信什么，就会吸引到什么，最后便会得到什么。**我相信我能改变自己的处境，我相信我能找到一个好老公，命运就给我送来了。

工作后，我有过一年短暂的房地产工作的经历，因为工作时间不规律，加上单休，我最后放弃了这份工作。之后又在国内最大的金融软件公司就职，担任市场部总监，有自己的团队，团队每年有两千多万元的营收额；工作时间朝九晚六，双休，几乎很少加班；工作自由，收入也稳定，在别人看来这是一份还不错的工作，可以兼顾家庭。可是，就是这样稳定的工作让我在 2021 年生完孩子后产生了巨大的危机感。

2021 年，我儿子嘟嘟出生后，我经历了产后很多人都会经历的阶段：掉发，身材走样，白天上班带娃，晚上母乳，几乎不能睡一个整觉；明明老公已经付出很多，可还总是觉得他做得不够；明明有家人的帮助，可还是对育儿无比迷茫、焦虑；经历了一个产假后，工作突然变得手足无措了，虽然工作稳定，可还是看不到未来的出路在哪里。

这样的状态持续了半年多的时间，我意识到不能再这样下去了，**我的内心有个特别强烈的声音告诉我：一定要去改变。**

于是，我开始参加沙龙，报名学习，参加读书会，也做天赋探索，学习家庭教育指导师，画曼陀罗，进入各种群和圈子去疯狂吸收和学习。经过几个月的折腾，情绪和状态开始稳定下来，但还是反反复复。2022年3月，我去了大理，参加了一次线下商业学习，认识了蔡蔡和很多优秀的女孩。她们都活得如此精彩，如此不一样，每一个拿到成果的人，都有一段不为人知的故事和一段充满血泪的奋斗史。

从她们身上，我看到了人生更多的可能性。我也意识到，**要想真正地改变自己，唯有行动，只有行动才能把所有的理论、知识内化进我们的身体，才能拿到结果**。很多人是不看我们做了什么，只看结果的。

所以，同年5月，我跟着蔡蔡开始做石上。她说的一句话很打动我：**顶峰相见，是因为你已经拿到了结果站在了顶峰**。真正的圈子不是去攀缘，而是你就站在那里，大家互相助力。

在石上，我借假修真，把自己学到的直播、短视频、社群的知识技巧都开始运用起来。用了不到一年的时间，我的社群就做到了百万元的营业额。在2023年石上周年庆期间，我本觉得自己没有任何希望升级联创，但是我知道应该让姐妹们看到更多可能性，我要让更多像我一样在职场和育儿中焦虑、无助的妈妈们看到希望。于是，在石上周年庆的最后六天时间，我成功冲刺上了联创。

我的主业已经做了七年，如今也才月入五位数。可是，在石上周年庆期间，我升级了联创以后，每个月收入稳定是五位数，而这也只用了一年多的时间。做石上，极大地缩短了我成功所需的时间。

更让我感到惊喜的是，石上还为我们提供不同领域的优质圈子，我学到了很多价值至少四位数、五位数的课程。在团队潜移默化的影响下，我的主业也实现了升职加薪，连我的老公也从一开始的不支持、不反对，到现在由衷地为我竖起大拇指，并且支持我的很多活动和学习。如今他也认可我说的：**最好的妈妈是成为孩子的榜样！**

谁也不会想到，在石上短短一年多的时间，我已经从那个迷茫、无助、焦虑、对未来没有方向的自己，蜕变成了一个自信、大方并且能量满满、带着团队勇往直前的领头羊，收获了全方位的成长。

而且，在石上的影响下，我的亲密关系、亲子关系、家庭关系也变得越来越好。2023年，我还顺利地怀了二胎。

这一切的底气都是石上给我的。因为我知道在我的本职工作上，哪怕是再好的平台，我离开了平台可能啥也不是，但是现在因为石上，我有了核心竞争力，我随时随地可以营业和工作，有一份稳定的收入。

现在的我，可以给父母更好的生活，给孩子更好的教育，给自己选择的底气，这一切，只是因为我选择了石上，并且相信它，紧紧跟随。在石上，我真的实现了生活美好，工作美好，我想要的幸福美好模样。

　　我希望，未来我可以带着更多女性实现丰盛富足的人生，活出更美好的自己！

　　我一个普普通通的农村女孩可以做到，你也一定可以。

我本可以忍受黑暗，
假如我从来没有
见过光明。

大麦

石上生活店长
北美院校中国区招生代表
花艺师

越过内心那座山，你当像鸟飞往你的山

你好呀，我是胡琼月，网名大麦。在以往十年国际教育职业生涯中，我一直在用英文名 Maggie，轻创业之后根据英文名的发音，有了现在的大麦的名字，也借此意，"大麦"谐音"大卖"。

我来自全国唯一省市同名的城市，吉林省吉林市，原生家庭不算富裕，但独生子女的我被家里保护得比较好，小时候没吃过生活的苦，一路按部就班，到 211 本科毕业，步入职场。我在工作中兢兢业业，认真完成本职工作，也很有责任心，但总是不能再进一步，比如成为管理者。我心中有真善美，对生活细节也有觉知和觉察能力，但总是有一个什么地方卡住了，慢慢发现自己进入了"高的做不了，低的不想做"的拧巴状态。

2019 年下半年，我开了实体花店，当自己真正冲到一线的时候，才意识到自己的变现能力很有问题。而且那时实体店遭遇寒冬，情况越来越糟。

2021 年 11 月底，经前同事介绍，我开始了解石上，听创始人钠钠的直播，感受石上的初心，觉得跟着石上做事不伤人脉。

加上自己干过实体，我真切体会到了单位时间内所能创造的收入有天花板，要去选择一份时间可以出售多次的事业。有了这样的认知，也就很难再像原来一样回到职场出卖自己的时间。我也认可石上电商的变现逻辑，于是开干。

石上对于普通人来说，起步很容易，优质的选品，成熟的运营体系，让我在 45 天内成功升职，从初创升级到优创。但因为性格内向，我继续拓客和招募新团长就成了瓶颈。然而我理解石上帮大家重塑消费结构、解决注意力稀缺的痛点，敬畏石上用教育赋能商业、助力女性个体崛起的价值观，也因为有热爱，这一路并不觉得艰难，反而乐在其中。

从 0 到 1 完成级别上的自我超越

2023 年 3 月，石上周年庆，公司出了阶段性冲刺各级别的考核指标。起初的我并未觉得兴奋，因为自己积累不够，再升级也很难，但是对于下属团长来说是机会，我的念头就是要带她们升级到跟我平级。因为公司的好政策以及和我的热爱和责任心，我不断吸引了很多主动想来当石上团长的人。于是我盘点了一下，我发现数据超乎我的想象，我顿时看到了升级的希望。

接着我就像是做项目一样，开始谋划起来，规划主次，拆分目标，细分任务。最后在成仁达己的过程中，我实现了升职加薪，也进入了公司的核心群。

这几年，多少实体企业都倒下了，我的朋友圈里很多人在换项目，或者干脆销声匿迹。而我做石上正是在这样异常艰难的时候做起来的，并且越来越好，我真心感恩遇见石上这么好的平台。

不断修正自己的偏差

按说升职加薪，有成就感，也尝到了收入增加的甜头，更应该火力开满，加油干。但因为自己有认知偏差，继续前进的劲头却弱了下来。

然而石上却让我蜕变。因为石上有教育板块，也有直接落地实操的部分——直面销售，直面关系问题。石上经常分享人生小课堂，于是我也开始精进，通过阅读，在我的公众号"花晨月夕一步一安然"中不断梳理，修正了自己对金钱观的偏差，这对我至关重要。

首先，金钱是抵御风险的底气。或许曾经以为谈钱俗气，可这俗气也是底气。犹太人是这样说的：为什么我们世世代代都爱钱？因为一旦被迫害，能把一家人的命买下来的只有钱。

其次，我原来认为幸福跟钱没有太大的关系，关键是要有幸福的能力。

的确是，但我回避了变现能力是自身成长的反馈这一事实，它其实是一个人解决问题、发现机会、利用时间、规划商业模式的能力。真正拥有这些能力的人即使遇到危机，也一样能东山再起，这是穿越周期的能力。

我割裂了任何抉择背后都有的三个收益动机——功利性收益是增加我们的财富；表达性收益向我们自己和他人传达我们的价值观、品位和社会地位；情感性收益回答某事物让自己感觉如何。

再次，我忽视了幸福跟金钱之间是有可量化的相关关系的。诺贝尔经济学奖得主丹尼尔·卡尼曼和安格斯·迪顿，区分了两个幸福的概念：体验幸福（也被称为情绪型幸福或享乐型幸福）和生活总体评价，通常体验幸福被视为暂时性幸福，生活总体评价被视为持久性幸福。幸福体验在年收入超过大约 75000 美元后就不再上升，但生活总体评价随收入上升而稳步上升，相比年收入 10 万美元的人，年收入 20 万美元的人对生活总体评价也高出很多。而生活总体评价反映了财富带来的所有收益，包括消费商品和服务的功利性收益。高社会地位和自豪感带来的表达性和情感性收益确实更高，若财富没有带来表达性和情感性收益，就很难解释为什么那些几辈子也花不完自己拥有的财富的人，会继续为了赚取更多的财富而奋斗不止。

最后，也是最重要的一点，原来的我认为钱够用就行，但我忽略了金钱有杠杆属性，是实现价值的工具。金钱不仅仅可以用作自消费，还可以购买资源、技术、人力等，帮助我们创造更多的价值。年入十万和年入百万、千万所能支配的社会资源是不一样的，用好它，影响更多的人，才能谈社会价值。说到社会价值，说到使命感，大多数人往往会觉得离自己很遥远，但其实，如果

你能想办法扩大自己的影响力，把自己的价值发挥到极致，去帮助更多的人，这就是使命感和社会价值的底层逻辑。

我前面讲到做石上遇到的瓶颈来自自己性格的内向，其实是以往的经历，让我把自己封印起来。现在的我通过石上教育板块，连接到依娜老师，接触正念，不断修正自己的认知偏差，让我开始敞开自己，有主动与人连接的意愿，愿意真正去面对关系问题。以前的自己内心戏多，还是玻璃心，比如要是付费学习，即使有大额分销权，我也不会宣传，我会觉得如果宣传出去好像是标榜自己，好像是要赚别人钱，就自己偷偷学。现在我完全变了，没钱或者只有几元钱我都乐于宣传。我做的是缩小信息差，把知识分享给别人，把好物分享给别人，如果刚好有人需要，顺便就把钱赚了，这份分享的本质就是做高级的事。

石上的教育精神

石上创始人钠钠出书居然愿意托举团长们一起，大家都非常感恩老板的大格局。在石上会"搞钱"的团长们真的很多，我能得到这次出书资格让我很感慨，钠钠并没有纯按业绩去排名，石上的教育赋能商业板块不是说说而已，除了授人以渔，更有愿意给予机会、愿意等你成长的教育精神。

教育者，上者传承智慧，中者授人以渔，下者答疑解惑；有人在做精英教育，有人在做偏远支教，在精神层面的意义内核是一样的。就像**佛学中提到的三种发心，每一种都很殊胜，根据自己的能力选择而已**：你可以发愿自己先觉悟，之后再引导众生离苦得乐，这称为国王般的发心，像是一位从宝洲归来的国王，带领着他的子民去那珍宝所成的乐土；也可以发愿与其他众生一起到达解脱的彼岸，这称为船夫般的心，像是一位船夫，与他渡船上的乘客一起登岸；或者发愿除非所有众生都解脱，否则不成觉，这称为牧童般的发心，像是一名尽职尽责的牧童，暮色降临之时，把看护的牛羊全部带回圈里安顿好之后，他才回家。

发心都一样，那如何提高效率去影响更多的人，这是个好问题，这是个愿力的问题，也是能力的问题。**发愿更大，能力更强，能撬动的杠杆也就越大，自然能影响更多的人**。就像石上在做的是解决社会就业问题，帮更多的普通个体实现个人跃迁的事情。

我不够资格说自己是教育者，但我已经感受自己如船夫般的发心，在自己变好的路上带动他人。就像下属团长给我写的感恩表白，除了赚到钱，让她们在亲子关系、亲密关系和个人成长方面都有意外收获，也让我体会到能影响他人成长的感觉真好。

最后的贴心话

一份好的事业应该是可以把一份时间出售多次的，因为最后你会发现你真正对抗的是时间；一份好的事业应该是有正心正念，有精神高度上的引领，获得智慧，也实实在在赚得每一分钱；一份好的事业应该有非常好的落地变现机制，培养你拥有穿越周期的能力；一份好的事业应该带给你圈层的跃迁，与寻求共创共赢，追求终身成长的人同行；一份好的事业应该能让你找到职业幸福，为社会创造更多的价值的同时，顺便把钱赚了。

　　而这些恰好都是石上具备的，真诚邀请你也一起参与。最后借由两本书作为我故事的结尾：《越过内心那座山》《你当像鸟飞往你的山》。

销售的本质：
不要卖货，
要卖你的梦想和使命。

七七

石上生活店长
前国有银行客户经理
摄影达人

我的前半生，疼痛得很精彩

我是七七，一位文艺范"80后"单亲妈妈，谈起前半生，我曾用"疼痛得很精彩"来形容。

我的前半生，疼痛得很精彩

人生的第一个生死劫，大难不死，必有后福

谁会知道，童年时听着虫鸣鸟叫，在田间奔跑，光脚踩在沙砾上欢脱蹦跳的那个野丫头，在五六岁时经历了第一个生死劫。一天，我在午睡时被旋转中的大吊扇砸破小脑袋，头上拉了个大口子，血流不止，幸亏没伤及要害。外婆看着我额头上那道长长的疤，给我取了个"活宝"的外号，喃喃道：妹仔大难不死，必有后福。像被这句话施了法，往后的每次磨难，我都好似在悬崖边，次次能找到救命的绳索。

人生第二次考验，高考突发状况

高考前夕，半夜我突发急性肠胃炎，进考场吐，出考场吐。

打着点滴完成三天的高考，胃里翻江倒海，考试中愣是凭毅力一口没吐。我尽管遇到了此等境况，还是考上了大学，虽平平无奇，但已然感激不已。

毕业后，我去了国有银行。七年时间，我不擅社交，也没人脉，业绩平平，常常自我怀疑，独自承受着漫长的苦闷。一次保险比赛中，别人都选择了好卖的产品，我偏偏不走寻常路，抛下杂念，专心致志研究复杂的、自认为对客户资产合理配置更有帮助的产品。终是无心插柳柳成荫，在另辟蹊径的努力中，我获得了全省期交销售冠军。七年蛰伏，终被看见。

人生第三次考验，如重拳出击

我的孩子1岁时，充满欺骗的婚姻被撕开了伪装的黑布。彼时觉得，人生恍若如梦，像电视剧情般波折。离婚时，经历了被恐吓，导致工作中听到手机响便胆战心惊，晚些下班，爸妈便担心我的人身安全。有过悔恨，恨自己连累家人为我担惊受怕；有过恐惧，感觉生命如脚踩浮云般摇摇欲坠。这跌落深渊般的痛苦，却未动摇我半分，我坚定地带着年幼的孩子净身出户。

命运于我，看似残忍，又无限仁慈。及早看清，及时回头，岸在身后，光明又怎会遥远呢？

人生第四次考验，这一局，命运彻底翻转

一眼望到头的职场生涯，条条框框太多的体制工作，复杂的职场人际关系，酒桌上觥筹交错的虚幻，让生性爱自由、疲于应对人情世故的我，内心产生了疑惑。我一次次问自己：眼前的一

切，既非你所愿，那你究竟想要过什么样的人生？

想离开，想看看外面的世界，这渴望深埋心底，日复一日，愈发强烈。虽不知在何时，以何种方式，去往何处，但内心笃定：终有一天，我会毫不犹豫脱下这身世俗眼中光鲜亮丽的衣装，走向人群，走向人生海海，寻找通往梦想的路。

35岁那年，我鬼使神差般得到了一个转机。有人说，干吧，是个机会；有人说，干吧，我与你合伙；有人说，干吧，我为你兜底。听到这些声音，有欣喜，有期待，但更多的是忐忑。要从金融业跨界生活美业，从国企到经商，毫无经验，何等疯狂。我承认，当选择真正摆在面前的那一刻，人性的怯懦几度占了上风。太多的不确定，太大的风险，像一场豪赌，等着从小规规矩矩长大的我下注。

可人生，不做点出格的事，哪有往后的惊喜奇遇。

思来想去，写下了此生第一封，也是唯一一封辞职信。走的那一刻，以为自己会潇洒离去，毫不留恋，可最后，看着办公桌上的电脑、文件，眼泪开始汹涌。那是我奉献全部青春、洒下无数汗泪的地方啊！

之后，我开始带着憧憬闯荡，一年后，合伙人无心经营，兜底的人消失不见，店，关了……那一瞬间，所有的支撑消失无踪。

我再次站到人生的十字路口，前路一片渺茫。回头看，方觉勇气可嘉，再细想，命运安排的每一步棋，都暗藏玄机。因为正是创业这一年，我接触到新零售电商领域。既然店已关，那就闯闯电商赛道吧。带着一腔孤勇，我又上路了。

我的后半生，奇迹未完待续

经历了两年的囤货微商，经历了小有成绩、意气风发，学到了很多线上技能：文案、沟通力、管理能力、领导力，也承受了背负代理资金投入的压力，感受了苦苦拉扯的精疲力竭、焦虑和不知所措。就在我绝望地以为我的线上创业也要狼狈告终时，一道光，将我带到了一个热爱生活美学的社群里，开启了花样美食摄影学习之路。

前几年，外头"兵荒马乱"，我带着儿子不亦乐乎地倒腾烤箱，日日研究美食，不断练习摄影，内心平静安然。闺密们无聊，线上约麻将，我潜心精进自己，不断学习新技能。**我深知：孤身一人，无路可退，稚子尚幼，若为梦想，初心怎敢忘，此身怎敢"躺平"。**

第五次考验，身心的疾病帮我找到人生使命

"从小只读圣贤书，十指不沾阳春水"的笨拙妈妈，靠着一点点努力，学会了家常菜，花样美食，摄影。可岁月静好，安能满足温饱。空有一身才华，无法安身立命，一腔热血亦无处安放。焦虑如梦魇，再次席卷。恍恍惚惚中，身体又查出了状况，命运再次把我推到了悬崖边：我病了，身和心，都病了。那段颓废的日子里，只有昏睡，才能让我不觉自己是个废人。

等待手术的日子太过难熬，每天过得半梦半醒。此时，团队遇见了石上，决定项目嫁接。我如迷失的骏马，忽闯入一片辽阔肥沃的草原。我们潜心学习沉淀了两年的生活美学，遇见了满是人间烟火气的商业平台。**原来寻常百姓的家里，一蔬一果，一粥一饭，三餐四季，流转不歇，在镜头下，竟那么细碎温暖。**热爱可以继续发挥了，我的"魔法七美好生活小院"就这样落成。

起初，我不知道社群要如何运营，不知道谁会路过，不知道伸出的橄榄枝，是否有人愿意接。只是，有个声音在轻敲心窗：时间煮酒，岁月渐稠，七七，是时候说出你的故事了。我把小院当成了家，推倒了高高围筑的心墙，放下了追求完美，不允许人前柔弱的自己，开始将经历慢慢讲述。原来，**治愈人心的力量，是来自一个人的真实和敞开。**如初登舞台，忐忑不安，怕出丑，可人生没那么多观众，我们都平凡得只拥有自家院里那小小的角落。搬张椅子，温一壶茶，闭眼安静回忆，我开始喃喃自语。原来，坦然面对，最疗愈的，是自己。

一边摸索运营社群之法，一边等待手术日子的临近。焦虑时，便约着闺密陪我出门摄影。拍了好多照片，写了好多文字。欣喜若狂时，情绪低落时，都会与人分享照片背后的故事。动手术的那几天，团队里心善的河南姑娘真真，帮我照顾社群。这人间，何其暖。

上天会眷顾勇敢自救的人。术后恢复期，我参加了团队"618"销售 PK 赛，竟然在首日便获得了销售冠军，且势能一发不可收拾，越战越勇，实现四连冠，累计六次销冠，最后，带着还未愈合的伤口，获得了总销售冠军。做生意可以不出家门半步，未受一点风吹日晒，卧床养病，清醒之余，仅仅拿着一部手机，就让我可以在被窝里，凭借双手，靠自己的能力和努力赚钱，创造一个又一个高光奇迹时刻，何其幸福。彼时，我热泪盈眶，感恩不尽。

就这样，记不清何时，故事说着说着，掌上事业做着做着，脸上的笑容重新舒展。身体的病，好了，心里的焦虑，烟消云散了。来听故事的人，也津津有味，舍不得走了，听得感动了，开心了，顺带还买一买小院里的好物。

每次讲故事，感动人心之余，总有人说：

我就是这样啊，心里痛，哭不出；

我就是这样啊，困兽般，逃不出；

七七啊，你的故事，给了我力量。

我似乎，懵懵懂懂中摸索到了商业背后，**销售的本质：不要卖货，要卖你的梦想和使命。卖你绝境中的永不放弃；卖你内心已支离破碎，仍温柔地爱着这个世界；卖你阅尽千帆，归来依旧心怀年少梦想。**

于是，我在小红书上勇敢地打上了"单亲妈妈"的标签，开始写我的故事。在陌生的城市里，有很多妈妈需要被看见，很多单亲妈妈需要被救援。光听故事，何以解忧？**自由勇敢的背后，经济独立才是底气！** 我要带她们线上轻创业，打破时间和空间的局限，用一部手机，赚踏踏实实的钱。我更想告诉缩在角落的单亲妈妈们，**站起来，踮起脚尖，梦想就近了，再用力蹦一蹦，梦**

想就实现了。

人这一生啊，既厚又薄，薄易厚难。可只要在山河间找路，用短暂的生命贴一贴地球的嶙峋一角，总不枉费来此一场。听听七七的故事，帮你重燃生的希望，在石上生活打拼，创造物质财富。内外丰盈，我们终能活成孩子眼中的光和希望。

销售的精髓不是卖产品，
是"卖人"，
真诚、真心、爱心
是最好的销售品质！

付锦霞

石上生活店长

50+ 勇敢突破，过不被定义的人生

大家好，我是付锦霞。付锦霞，这个名字很奇怪，记得很久以前，我把名字写在纸上，越读越陌生，虽然听过很多次，自己内心也重复过无数次，但当时就是觉得陌生，不知道付锦霞到底是谁，是坐着的这个人吗？似乎又是能看到的、能听到的、能感知到的一切！

我是谁？我到底是谁？这个问题曾经困扰我很多年，很多次我不承认我是付锦霞，我也不承认我是我爸妈生的。我经常会天马行空，想象自己是孙悟空，是从石头缝里蹦出来的，甚至经常幻想，一阵龙卷风把我卷到天上，逃离人间。

我经常觉得自己不属于这个世界，因为我很孤独，不太合群，表面上看我很快乐也很友善，但内心却无比孤傲。

还好，慢慢地我成长成了正常人，正常上学、读书、考大学、工作、结婚、养家、生孩子，也知道了付锦霞是学生、是员工、是妻子、是女儿、是妈妈。

就这样在各种角色、身份中穿梭、忙碌，似乎在忙碌时，我会知道付锦霞是谁，但一闲下来就又迷失了自己，再次追问自己是谁时，我又找不到答案了。虽然我的工作、家庭看起来都很不错，但我的内心却非常迷茫，常常不知道自己活着的意义和价值。我也试图去询问，但得到的答案都不是自己想要的。

于是我开始在《圣经》、佛经、四书五经中探索，这一探索就是十几年，除了工作、照顾孩子，我的业余时间都是泡在这些书籍和各种身心灵课程的学习中。期间走偏过几次，一段时间甚至修苦行、想出离，一段时间又感觉人生毫无意义，活着如行尸走肉。每次修偏，掉进恐惧、痛苦中，我是知道的，但就是很难走出来，很不幸，但又很幸运，每次竟然都是自己挣扎着爬了出来。

最后一次爬出来后，我是真正地彻底地爬出来了。那是 2019 年 6 月，我本身就陷入修行之苦中，又加上家庭的一点意外，更是苦上加苦，我无力应对，对自己极度失望，不想再读书修行了。就在我"躺平"开始"摆烂"时，我无意间体悟到了自己是大海，不是浪花。我身临其境地体验到了自己是大海，那份富足、静定、万有、全然、生生不息、创造不止的体验，我永远不会忘记！

从那一刻起，我从痛苦中彻底走出来了，恐惧、匮乏、迷茫一扫而光，也就是从那一刻起，我明白了**人生的意义和价值就是，认识自己、修正自己、回归真正的自己！**而且在那一刻，我发愿要把这个好消息告诉所有的有缘人，让大家都明白，每个人的本来面目是大海而不是浪花，浪花仅仅是临时的现象而已，真正的自己是大海。

时间来到现在，我去年申请从单位提前退休，就是想传播传统文化，带大家一起读圣贤书。但在读书的过程中，我发现有些女性没有工作，没有收入，经济上比较匮乏，只是在读书里寻求安慰。我当时主要在传播儒家文化，儒家教我们在事上磨炼，践行好五伦关系，而要想搞好五伦关系，光读书是不行的，必须做事、赚钱，为家庭提供好的生活品质。

基于此，我萌生了一个念头：**读书的同时能带动大家做事、赚钱，才是我想做的！**

于是我入局了石上生活美学平台，一个零投资的轻创业平台，一个工作生活化、生活工作化的自我修炼平台。入局石上后，我非常清楚自己的定位：石上小店长，我也非常清楚石上小店长的职责和义务。**只要定好位，认真履行自己的职责和义务，成事是必然的。**所以一年期间，我成功晋升到石上生活联创。

当然，这又是最难的事情，只有做了，才知道这个挑战有多大，光突破、超越自己固有的认知，对金钱的认知，对商业的认知，对健康保健的认知，就需要极大的勇气和智慧。儒家的智、仁、勇三达德，是在持续地做事、成事中悟透的，如果天天只读书，无法得其精髓。

而且在与人互动、连接的过程中，我自己的生命宽度一点点被展开，我才发现自己过去的狭隘。做事期间，我的优势是：有多年的传统文化功底，知道何为正道，所以我做事尽可能立在道上、立在生命之根上。即便有时会偏离道，但我知道我在偏离，我会及时把自己拉回来。如此，我做小店的过程就是不断觉知和修正自己的过程，不断地向道而行。既有形而上的高度，又有形而下的深度，**正可谓高高山顶立，深深海底行。**

我为何一再强调我石上小店长的身份？因为做任何事，定位很重要，我入局石上后，就定好了自己的位，无论以前有什么身份、光环，现在的我就是石上小店长，让别人清楚我是做什么的，这样带货、招商，别人认为很正常，也给别人一个选择，留下我还是拉黑我，我也不会有什么心理障碍。

一旦名正了，位定了，我只管像太阳一样东升西落，也不怕给某些人带来麻烦而缩手缩脚。不是吗？**太阳从来不会担心它的升起会晒死小草、晒干河流而不敢升起，它该升就升，该落就落。**

正了名，定了位，就去行动，持续地做石上小店长该做的事，积极主动地运营私域，没有私域流量就走出去。行动的过程中，自然会有各种障碍、卡点，此时该如何做？那一定是要去请教走在前面的人，他们在跑通这条路的过程中也会遇到各种卡点、障碍。

我做对的一点就是：我不会听身边那些没做小店或做了一段时间退出的人的意见，我只会向上求助，向上连接。

石上的理念是：**"成就别人就是成就自己！"** 这也是石上的基因。这样的石上基因给了我们普通人向上社交、向上成长的通道。石上的创始人、头部们，愿意毫无保留地教我们如何做、如何突破，她们是最希望看到我们成长的人。

　　我在做的过程中，卡点很多，最大的卡点是对网购消费模式的抵触。之前我不愿意网购，宁愿线下去买，捍卫线下！后来我明白了，有卡点就是自己了解不够。当我投入时间和精力细细思考、深入了解时，**我发现这种团购平台为供应商、客户、店长节省了很多资源。**

　　店长不用自己选品、选门店，不用付房租、水电费、仓储费，不用担心资金回笼等，可以把省下来的时间、资源用于学习与成长，把个人、家庭生活、人际关系经营好，在不断和人交往的过程中，发现自己的不足，学习优秀的人的品质，自己会变得越来越通达、宏阔、自由自在。更好地去服务、陪伴顾客，带他们一起变美好，于个人而言，这不就是人生的意义和价值所在吗？

　　同时，我们每一个团长都是生产厂家的活广告，自用、拍摄、分享、"种草"，为生产厂家节省了多少资源？生产厂家省去了多少广告运营成本和资金回笼成本？他们只需好好做产品，把产品品质做到极致即可。

　　于客户而言，他们不用自己淘品、选品，而且产品一件也是团购价，省钱、省时间还能买到高品质的东西。

　　这是不是共赢呢？

　　所以任何卡点、障碍或偏差错乱的认知，是因为了解得不够深入，一旦我们行动起来，深入其中，卡点必会消失！

　　因为深入了解，也因为不断地和石上优秀的创始人和团长们的连接，不断向她们学习，**我看到了她们身上的优良品质，以及**

无我利他精神。于是我升起了信任，升起了对石上坚定的信念。有了坚定的信念，就会笃定，接下来就是行动和积累。不会有内耗，因为相信自己选择的方向是对的，只要努力往前走，一定会走到目的地。

以前我把销售想象得很难，但真正走出来，行动起来，发现并不难。我虽然口才不好，但也有很多陌生人喜欢我、支持我，这些正向反馈给了我很大的力量，也让我明白了**销售的精髓不是卖产品，是"卖人"，真诚、真心、爱心是最好的销售品质！**

所以做小店的过程就是做人的过程，不断地格物致知、诚意正心、修身齐家的过程。

小店做好了，人也做好了；同理，人做好了，小店也能做好。在做的过程中，我们可以不断验证自己做人是否到位，人不成，则事不成。

如果你问我的优势是什么？那就是我认识了真正的自己，现在的我通过做事不断地修正自己，进而圆满自己。如果你问我人生的意义和价值是什么？我的回答就是《大学》里的开篇："大学之道，在明明德，在亲民，在止于至善。"

如果你感到困惑、迷茫，不知道人生的意义和价值，请来连接我，也许我就是点亮你生命的那一束微光。